V. 692

2964

Traité

DE

LA CHARPENTE CIVILE.

Première Partie

CONTENANT

1.º Des Considérations sur les Bois propres à la Charpente, et sur les Moyens d'en connaître les bonnes qualités 2.º Les Manières de les équarrir et de les refendre 3.º Celles de les assembler, 4.º Celles d'en faire des Panneaux, Bois de Chêne, des Planchers, des Combles simples, des Combles brisés, Mansards, avec ou sans enrayures des Pavillons, des Dômes, 5.º Celles de combiner des Escaliers, 6.º La Description de principales Machines nécessaires aux Charpentiers, 7.º Le Plan, les Coupes et l'Élévation d'un Bateau à vapeur circulant sur la Seine, en aval du Pont au Change, 8.º Des Tableaux raisonnés de la résistance des Bois à la flexion par les deux bouts, pris verticalement et d'à-plomb, placés horizontalement sur deux appuis, par divers genres, nécessaires, enfin, pour supporter une charge.

avec Vingt-six Planches

Dessinées par l'Auteur et Gravées par Guignet

Par J.J.L.G. MONNIN,

à Paris

chez JEAN, Md d'Estampes, Rue St Jean de Beauvais, No. 10.

1828.

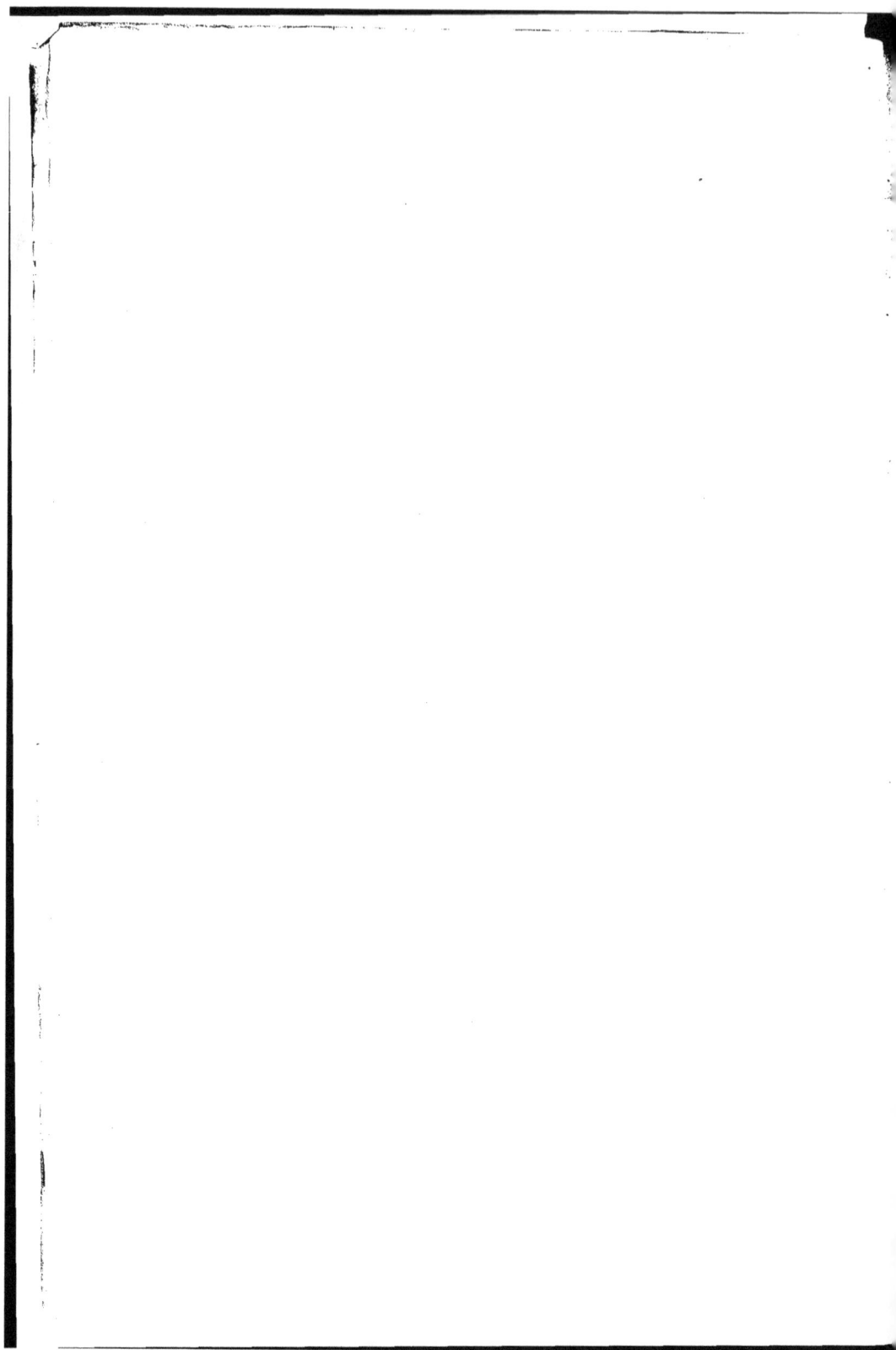

CHARPENTERIE.

L'origine de cet art se perd dans la nuit des temps. Les peuples les plus sauvages se construisent des huttes, des carbets avec des pièces de bois de différentes grosseurs, qu'ils assemblent grossièrement, et dont ils garnissent les intervalles avec des branchages qu'ils recouvrent ensuite de terre argilleuse, ou d'autres matières qui se trouvent à leur portée. C'est ainsi que, sous les climats très chauds, ils se mettent à l'abri des rayons brûlans du soleil, et que, dans les régions froides ou tempérées, ils se garantissent du froid, de la neige ou de la pluie. Cet art, d'abord grossier, s'est perfectionné, avec le temps : comme tous les autres, il a suivi les progrès de la civilisation, et est arrivé enfin au point de perfection où nous le voyons aujourd'hui.

Mais certainement les hommes ont su se faire des maisons en bois avant de savoir s'en construire en pierre : car l'art d'élever des murs solides exige beaucoup plus de combinaisons que celui d'assembler et d'unir quelques pièces de bois de manière à s'en former une cabane.

Nous ne prétendons pas suivre ici la charpenterie dans ses progrès, cela nous éloignerait trop du but que nous nous proposons, et serait parfaitement inutile aux apprentis charpentiers auxquels nous destinons cet Ouvrage.

Prenant donc l'art dans l'état où il se trouve aujourd'hui, et nous bornant à le considérer sous le rapport de la pratique, nous dirons qu'il exige, de la part de ceux qui veulent en faire leur profession, 1° la connaissance des bois propres à cet art; 2° celle de la manière de les équarrir et de les débiter ; 3° celle de les assembler pour en former des membres de charpente; 4° celle de joindre ces membres ensemble pour en composer diverses constructions solides. Quelques explications succintes accompagnées des planches propres à en faciliter l'intelligence suffiront pour faire comprendre ce que nous avons à dire sur la deuxième, la troisième et la quatrième partie de cet Ouvrage ; nous n'aurons pas même besoin, quant à la première, d'avoir recours à la gravure.

CHAPITRE PREMIER.

DE LA CONNAISSANCE DES BOIS PROPRES A LA CHARPENTE.

Tous les bois ne sont pas propres à la charpente. On y employait autrefois le chêne, le sapin, le châtaignier, l'orme, le frêne, le hêtre, le charme, le peuplier, le cormier, le néflier, etc. ; mais le sapin étant faible, spongieux, et résistant peu à l'humidité, n'est plus en usage que pour les cloisons d'huisseries et de séparation. On se sert encore et avec raison du châtaignier, dans le pays où il croît, parce qu'il est solide et se pourrit difficilement; mais il est trop rare pour être d'un usage général. Quant à l'orme, au frêne, au hêtre, au peuplier, au cormier, au néflier, etc., les uns sont trop fragiles, les autres trop difficiles à débiter pour la grande charpente ; on les a donc réservé pour d'autres emplois auxquels ils sont propres; on leur a, avec raison, préféré le chêne, qui de tous est le plus solide et celui qui résiste le plus long-temps aux vicissitudes du froid et du chaud, du sec et de l'humide.

Le meilleur bois de chêne pour la charpenterie est celui qui a cru dans une forêt exposée au nord ou au levant, et qui a été coupé depuis les premiers jours d'automne jusqu'au mois de février : mais, pour avoir toutes les qualités requises, il faut qu'il ne soit ni trop jeune ni trop vieux; parce que, dans le premier cas, il n'aurait point encore acquis toute sa force, et que, dans le second, il en aurait perdu déjà une partie.

L'âge auquel il convient d'abattre les bois pour la charpenterie est celui de cent à cent-vingt ans; alors ils ont toute la consistance et toute la solidité que puisse leur donner la nature.

Il est facile de reconnaître l'âge de l'arbre : pour cela, il faut le faire scier, et compter tous les cercles depuis le centre jusqu'à la circonférence, chaque cercle marquera une année, parce que chaque année a ajouté entre l'écorce et le bois une nouvelle couche qui se distingue des autres, c'est ce qui fait qu'en général le cœur du bois est toujours plus fort que les parties extérieures, puisque celles qui sont intérieures ont eu plus de temps pour se nourrir et se consolider. Planche 1re, figure 1re *a c b. a* et *b* indiquent les cercles dont *c* est le centre commun.

Il faut que le bois de charpente soit coupé long-temps avant d'être employé.

DIVERSES ESPÈCES DE BOIS DE CHARPENTE.

Les bois de charpente se divisent en deux espèces : les *bois de brin* et *les bois de sciage.*

Le bois de brin est celui dont, pour l'équarrir, on a retranché sur chaque face une certaine épaisseur que l'on nomme *dosse.*

Le bois de sciage est celui qui, après avoir été équarri, a été refendu par la scie.

Les poutres, les petites poutres ou poutrelles doivent toujours être en bois de brin, parce que c'est le plus solide.

Le bois de sciage sert à faire des chevrons, des solives, des poteaux, des limons d'escalier, des plates-formes, des madriers; il est, relativement à sa grosseur, beaucoup moins solide que le bois de brin, parce que les fibres du bois n'étant pas toujours parallèles entre elles, il est rare que la scie n'en coupe pas quelques-unes.

Les poutres doivent avoir ordinairement deux pieds de grosseur sur sept à huit toises de longueur. Les poutrelles n'ont communément que quinze à seize pouces de grosseur sur vingt-quatre pieds de longueur.

Les poteaux, les chevrons, les solives peuvent différer de longueur et de grosseur, selon l'emploi que l'on en veut faire.

Les meilleures pièces de bois sont celles qui sont à vives arêtes, droites, dépouillées de leur aubier, et qui n'ont ni tampons ni malandres, ni nœuds vicieux. On reconnaît qu'une pièce est saine, lorsque, quand elle est sciée par les deux bouts et qu'on la frappe à l'un, elle fait entendre un son clair à celui qui prête l'oreille à l'autre. Si, au contraire, le son est sourd ou cassé, c'est une preuve que la pièce est vicieuse.

MANIÈRE D'ÉQUARRIR ET DE DÉBITER LES BOIS.

Équarrir le bois, c'est supprimer les dosses *b a c*, pl. 1, fig. 2, soit avec la scie, soit avec la cognée; la scie étant de beaucoup plus expéditive que la cognée, c'est cet instrument que l'on emploie ordinairement, et avec d'autant plus de raison que les quatre dosses *a b c d*, fig. 2, séparées par la scie, peuvent, quoique pleines d'aubiers, servir à faire des plates-formes.

Pour équarrir le bois, on place la pièce en grume, c'est-à-dire brute, sur deux calles (fig. 3.) de bois, que l'on appelle communément chantiers; on enlève l'écorce sur toute la surface de cette pièce, après en avoir scié bien perpendiculairement les deux extrémités. Cette opération faite, on inscrit dans la circonférence, à l'un des bouts, un carré dont les côtés déterminent et l'épaisseur des dosses que l'on veut supprimer, et la grosseur du brin que l'on veut tirer de la pièce; on inscrit ensuite un carré semblable dans la circonférence de l'extrémité opposée; mais, pour que le brin soit droit, il faut que les côtés des carrés soient réciproquement parallèles. Pour les rendre tels, il y a plusieurs moyens; voici celui qui est le plus usité : On place sur l'une des extrémités de la pièce une règle parallèle aux deux côtés horizontaux du carré déjà tracé, on place ensuite sur l'autre extrémité une seconde règle, parallèle à la première; cela fait, on tire sur la circonférence de l'extrémité *c* une ligne *c*, (fig. 5.) parallèle à la règle; ce côté du premier carré trouvé, il sera facile de trouver les trois autres, puisque l'un doit être parallèle au premier, et que les deux autres leur doivent être réciproquement perpendiculaires.

Les deux carrés tracés, il faut faire sur la longueur de la pièce deux lignes parallèles et perpendiculaires à leurs côtés *a* et *b*, *c* et *d* (fig. 5.)

Pour y parvenir promptement et sûrement, on prend un cordeau (fig. 4), trempé dans le noir ou du blanc de craie, on le tend fortement de l'extrémité *a* (fig. 5), de l'un des côtés du carré *d* à l'extrémité *c* de l'un des côtés du carré opposé au premier; on le tend par son milieu (fig. 4), en l'élevant de haut en bas et en retombant avec rapidité sur la pièce de bois, il y laisse l'empreinte de la couleur dont il est empreigné. On se conduit de même pour l'autre côté, et l'on a les deux lignes parallèles *a b* et *d c*. On retourne la pièce, et on trace, d'après les mêmes principes et par les mêmes moyens, des lignes semblables sur les trois autres quarts de sa circonférence; de cette manière, on marque les lignes que les ouvriers doivent suivre pour séparer du brin les quatre dosses, flaches *a b c d* (fig. 2), ce qui rend la pièce de bois carrée, de ronde qu'elle était.

CHAPITRE SECOND.

DE LA MANIÈRE DE DÉBITER LE BOIS.

Avant de faire débiter le bois, on trace sur la pièce d'équarrissage *l* les lignes *a* et *d* pour en tirer les pièces de sciages *a a*, *o o o*, ensuite on refend avec la scie cette pièce de brin, après l'avoir arrêtée fortement sur deux tréteaux de bois d'assemblage. C'est par le même procédé qu'on en a supprimé les dosses. Nous ne nous étendrons pas davantage sur cette partie de l'art du charpentier, dont la pratique est tellement connue dans toute la France, qu'il n'est point d'enfant qui n'en ait une idée; nous avons d'ailleurs grand nombre de mécaniques à scier qui sont beaucoup plus expéditives que les ouvriers, et auxquels les charpentiers envoient leur bois à refendre, après y avoir tracé les pièces qu'ils veulent en tirer.

CHAPITRE TROISIÈME.

DES ASSEMBLAGES.

L'art d'assembler les pièces de bois est la base sur laquelle repose toute la charpenterie.

Il y a deux manières de faire les assemblages : les uns se font à tenons et à mortaises, les autres se font à queue d'aronde.

Les assemblages à tenons et à mortaises sont les uns à angle droit, on les appelle carrés (pl. 1, fig. 15); les autres à angle aigu, on les appelle assemblage en about. (*V.* p. 2 fig. 3.)

Les assemblages carrés sont les uns à un seul tenon et à une seule mortaise, les autres à double tenon et à double mortaise.

Le tenon simple se fait en supprimant les deux tiers de l'épaisseur de la pièce de bois par son extrémité *a* (fig. 10). On nourrit quelquefois le collet de ce tenon par une petite masse de bois *b b* (fig. 9), qui le rend plus ferme dans la mortaise.

La mortaise *c* (fig. 10) est une cavité pratiquée dans une seconde pièce de bois *d* destinée à recevoir le tenon *a*. Quand le tenon est entré jusqu'au fond de cette cavité, on perce l'assemblage d'un trou pour y enfoncer une cheville de bois (fig. 8). Dans cette manière d'assembler deux pièces, on a laissé à l'extrémité de la pièce qui porte la mortaise une épaisseur de bois égale à celle que l'on a ôtée de l'autre côté de celle qui porte le tenon, de sorte que ces deux pièces unies forment absolument l'équerre.

Mais bien souvent l'assemblage se fait dans le milieu de la pièce qui porte la mortaise, alors on ne diminue rien dans la largeur du tenon. (fig. 7), *a e*.

Quelquefois, pour rendre ces assemblages carrés encore plus solides, surtout quand les pièces de bois qui portent les mortaises sont assez épaisses, au lieu d'une mortaise et d'un tenon on en fait deux. Fig. 13 et 19. C'est ce qu'on appelle assemblages à double tenon et à double mortaise.

MANIÈRE DE FAIRE LES TENONS ET LES MORTAISES POUR LES ASSEMBLAGES CARRÉS.

Lorsqu'on veut faire un assemblage carré, fig. 15, il faut que le tenon soit fait de manière à remplir exactement la mortaise, et celle-ci à contenir fortement le tenon, il faut donc ou que la mortaise soit faite pour le tenon, ou celui-ci pour la mortaise; et, puisque la fig. 15 est l'assemblage que l'on veut exécuter, si *a* et *b* (fig. 6), sont les deux pièces qui doivent le composer, *a* étant la pièce qui doit porter le tenon et *b* celle qui doit recevoir la mortaise, comme il est indifférent de commencer par l'un ou l'autre, je commence par le tenon.

Je tire carrément sur chaque côté de la pièce *a* (fig. 11), une ligne qui marque la longueur que doit avoir le tenon; après cela, je divise l'épaisseur de la pièce en trois parties égales, et je tire les lignes qui déterminent l'épaisseur du tenon; je fais la même opération sur le bout, de l'autre côté de la pièce, où je trace aussi des lignes qui viennent rejoindre les premières, cela fait, avec une scie je coupe la pièce *a* de chaque côté, en me guidant sur la ligne qui marque la longueur du tenon jusqu'à celles qui en limitent l'épaisseur. On emporte ensuite avec l'ébauchoir le bois jusqu'à ces deux lignes; l'on équarrit avec la bisaigue, et l'on a le tenon *d* (fig. 14.)

S'il s'agit de faire un tenon double, on divise la largeur du bois *c* (fig. 12), en cinq parties égales *a b d e f*, on en donne une à chacun des tenons; la partie *a* et la partie *f* se suppriment, comme dans l'opération précédente; mais, pour enlever la partie *d* qui se trouve entre les deux tenons, on perce tout au travers de la pièce un trou de tarrière, et ensuite, en deux fois, et en suivant avec la scie les lignes *b* et *e*, on coupe jusqu'au trou, on fait tomber cette pièce détachée, on équarrit les deux tenons avec la bisaigue, et l'on a la pièce à double tenon, (fig. 13.)

Pour faire une mortaise (fig. 17), on met en chantier la pièce de bois *b* sur laquelle on veut faire la mortaise, on prend l'épaisseur du tenon *d* (fig. 14), et on la porte en *d* et en *f* (fig. 18), on prend ensuite sa largeur et on la porte sur cette pièce de *d* en *h* et de *f* en *e*; on a ainsi la mesure de l'orifice de la mortaise. Il faut observer ici que si le tenon *d* (fig. 14), n'était pas au milieu de la pièce *a*, au lieu de faire la mortaise au milieu de cette pièce, il faudrait la faire plus sur la droite ou plus sur la gauche, selon que le tenon serait plus sur la gauche ou sur la droite de la pièce 14.

La mortaise ainsi tracée, on y perce plusieurs trous *a a a* (fig. 21), fort près l'un de l'autre : d'abord verticalement, ensuite obliquement de droite à gauche, et de gauche à droite, et d'une profondeur égale à la longueur du tenon *d* (fig. 14, avec une tarrière, et de manière à ne jamais dépasser la trace de la mortaise; ensuite on équarrit cette cavité avec la bisaigue pour lui donner la forme qu'elle a en *a* (fig. 17.)

Si le tenon est double, comme celui de la fig. 13, il faut aussi tracer deux mortaises sur la pièce *g* (fig. 18). Pour y parvenir, on prend l'épaisseur et la longueur de chacun de ces tenons en particulier, et on la reporte en *f* et en *d h*; on laisse entre ces deux mortaises une épaisseur de bois égale à l'intervalle qui se trouve entre les deux tenons, on perce avec la tarrière ou le lasseret, on équarrit avec la bisaigue et l'on a la double mortaise *g* (fig. 19).

DES ASSEMBLAGES A TENON ET A MORTAISE EN ABOUT.

Ces assemblages sont ceux dont les tenons sont coupés en onglet ou diagonalement, de manière qu'étant ajustés dans leurs mortaises, les deux pièces forment un angle aigu (pl. 2, fig. 3); on les nomme assemblages en about, parce que la plus grande partie du poids porte sur la pointe du tenon (fig. 1), *a* et *b* : ces assemblages en onglet se font ainsi que les assemblages carrés à double tenon et à double mortaise (pl. 2, fig. 2), *a* et *b*. On sent, d'après ce qui vient d'être dit, que dans cet espèce d'assemblage la plus grande partie du fardeau portant sur la plus faible du tenon, il en résulterait, dans certaines circonstances, un grand défaut de solidité, si l'on ne prenait pas le parti, pour remédier autant que possible à ce défaut, d'entailler le bout de la pièce *d* (pl. 2, fig. 4), qui porte le tenon dans celle qui porte la mortaise : ce qui donne à cet assemblage toute la solidité dont il est susceptible; et, dans ce cas, on peut, comme je viens de le dire, doubler les tenons et les mortaises. (Pl. 2, fig. 5), *a b*. La fig. 3 représente cet assemblage monté. Ces sortes d'assemblages s'emploient ordinairement dans la charpenterie pour toutes les pièces placées diagonalement : comme les décharges, les tournisses, les jambes de force, les escaliers, etc.

Il est encore une sorte d'assemblage en about, composé de trois pièces *a b c*. (Pl. 2, fig. 5.) La pièce *a* qui porte le tenon, et la pièce *c* qui porte la mortaise sont entaillées de manière à recevoir le petit tenon aigu *d* de la pièce *b*, laquelle est coupée en biseau. Cet assemblage divisé en deux angles, l'un aigu et l'autre droit, formés par la pièce horizontale *c*, la verticale *a* et la pièce inclinée *b*. Cet assemblage dont la fig. 7 présente l'image, n'est guère usité que dans les cloisons où il y a des décharges soutenues par des tournisses.

DES ASSEMBLAGES EN QUEUE D'ARONDE.

Ces assemblages consistent dans l'union de deux pièces par leurs extrémités : l'une (pl. 2, fig. 8), porte une espèce de tenon évasé en *c*. Ce tenon entre dans une espèce de mortaise à jour destinée à le recevoir. Cet assemblage manque absolument de solidité, puisque, pour faire le tenon et la mortaise, il faut supprimer une grande quantité de bois de l'une ainsi que de l'autre pièce; aussi s'en sert-on rarement, si ce n'est pour les plates-formes, les sablières simples ou doubles destinées à porter les pieds des chevrons, et qui, dans toute leur longueur, sont appuyées sur des murs où cet assemblage sert à les maintenir. Il y a encore des assemblages à trait de jupiter et en enfourchement, dont il est inutile de parler ici.

DES CONSTRUCTIONS QUI APPARTIENNENT A LA CHARPENTERIE.

Ces constructions sont celles des maisons, des ponts, des machines, des bateaux, des navires; nous ne nous occuperons ici que des ouvrages de charpenterie qui entrent dans la construction des maisons.

Ces ouvrages sont ce qu'on appelle : 1° Les pans de bois; 2° les planchers; 3° les combles; 4° les escaliers.

Les pans de bois, sont des pièces de charpente qui, unies au moyen de divers assemblages dont on a parlé ci-dessus, composent la carcasse on le chassis d'un bâtiment; ces pans de bois occupent beaucoup moins de place, sont moins dispendieux et beaucoup plus promptement élevés que les murs en pierres ou en moellons, mais en revanche ils sont beaucoup moins solides et moins stables, et beaucoup plus sujets aux incendies; à Paris, les maisons en pans de bois ne peuvent pas avoir plus de trois étages sous combles.

Les pans de bois sont de deux sortes; les uns sont à bois apparens, les autres sont à bois recouverts; les premiers sont ceux dans lesquels les intervalles des pièces dont ils sont composés, ne sont remplis de plâtre que jusqu'aux surfaces, tant internes qu'externes de ces pièces, qui conséquemment restent à découvert et exposées à toutes les vicissitudes de l'air. Les seconds sont ceux dont les bois sont lattés, hourdés, et recouverts de plâtre; ceux-ci, sont les seuls qui soient maintenant en usage, ils ont l'apparence de la maçonnerie, et peuvent présenter divers membres ou ornemens d'architecture; tels que des plinthes, des corniches. Pl. 2, fig. 10, a b c d.

Nos ancêtres avaient trois manières de construire les pans de bois : la première qu'ils appelaient simple, était lourde et dispendieuse, sans être plus solide que celle qui est en usage aujourd'hui; la seconde était à losange et plus dispendieuse que la première, la fig. 10 de la pl. 2, présente une idée de la troisième, on l'appelait à brins de fougères.

Ce pan de bois ancien se compose au rez-de-chaussée, de trois colonnes ou piliers en pierre e e e, sur lesquelles sont posées horizontalement et en travers des pièces de charpente a a faisant l'office de sablière; avec cette sablière sont assemblés par le bas, à tenons et à mortaises, les deux poteaux corniers f f, les poteaux debout g g g, les poteaux de croisée h h et les deux décharges i i; toutes ces pièces s'assemblent par le haut à tenon et à mortaise, les poteaux carrément, et les décharges en about, avec la sablière b b; avec cette seconde sablière, s'assemblent par le bas les potelets k k k, et les croix de Saint-André l l l l qui avec les deux poteaux corniers f f, soutiennent une troisième sablière c c; le potelet m, est assemblé avec l'appui n, de la croisée o, dont le linteau n', est une partie de la sablière b b; les pièces p p p p, sont des potelets assemblés diagonalement avec les poteaux corniers, les poteaux debout et les poteaux de croisée; c'est cette espèce d'assemblage qui a fait donner par les anciens la dénomination de brins de fougère, à ce pan de bois; les moulures et les ornemens d'architecture qu'on remarque dans ce pan, étaient pratiqués dans le bois même, que l'on enduisait ensuite d'une couleur de pierre, quoiqu'on laissât à découvert les autres pièces dont on se bornait à remplir les interstices de plâtre et de plâtras.

Nous aurions pu rapporter plusieurs exemples de ces pans de bois anciens, on y aurait vu les diverses pièces de charpente rapprochées et multipliées sans nécessité, augmenter de beaucoup la charge, sans rien ajouter à la solidité; mais puisque ces pans de bois sont présentement proscrits, ces exemples auraient été inutiles.

Nous allons nous borner à la description de deux pans de bois modernes, l'un sans boutique (pl. 2, fig. 11), l'autre avec boutique (pl. 3, fig. 1). Nous ferons d'abord observer que dans toutes les constructions en charpente il faut, ou que les sablières soient appuyées sur des murs en maçonnerie, ou que les poteaux qui les portent soient enclavés dans des massifs en pierre; sans cela, l'humidité de la terre détruirait bientôt ces pièces d'autant plus importantes qu'elles sont la base de tout l'édifice.

a a, pl. 2, fig. 11, est le petit massif ou maçonnerie sur lequel la sablière b b repose horizontalement, tandis que le poteau cornier c c, avec lequel elle est assemblée à tenon et à mortaise, s'élève verticalement jusqu'au comble du bâtiment. Ce poteau qui est la maîtresse pièce de côté d'un pan de bois, et très souvent de l'encoignure de deux, doit être d'un seul brin de douze pouces, ou au moins de dix pouces d'équarrissage, surtout lorsque le bâtiment doit avoir plusieurs étages, puisqu'on y assemble les sablières de chacun d'eux, et encore celles b' b°, qui portent les poids des chevrons des combles. Cette figure 11 ne présentant que la moitié de la façade d'un pan de bois, ne présente non plus que l'un de ces poteaux corniers; mais elle suffit pour faire sentir qu'elle doit être la force de ces pièces verticales, force dont nous parlerons à la fin de cet ouvrage, et de quelle importance elles sont.

C'est dans leurs mortaises, que sont introduits les tenons des sablières d' d° du premier étage, e' e° du second, et b' b° de l'entablement. Il est facile de voir que c'est dans la sablière b, du rez-de-chaussée, et celle d', du premier étage, que sont assemblés par le bas et par le haut ces poteaux des croisées g; les décharges l, les tournisses m, les potelets o du rez-de-chaussée, tandis que la sablière d', porte les solives du plancher du premier étage et que les poteaux, les décharges, les tournisses et les potelets de cet étage sont assemblés dans la sablière d°, par en bas, et dans celle e', par en haut, que celle-ci porte les solives du plancher du second, que c'est dans celle e°, que sont assemblées les mêmes pièces de cet étage, ainsi que la croix de Saint-André; et qu'enfin, la sablière b', porte les solives du plancher des combles, et que celle b°, doit en porter les chevrons. D'après cela, on doit sentir quelle doit être la force des poteaux corniers sur lesquels sont assemblées toutes les sablières qui portent ces fardeaux.

PLANCHE 5.

Le pan de bois représenté dans la figure première de cette planche, n'offre comme celui que l'on vient de décrire, qu'une moitié de façade

Le rez-de-chaussée se compose d'une maçonnerie *a*, dont une partie monte jusqu'au premier étage ; cette maçonnerie avec les poteaux *c*, de quinze à dix-huit pouces de grosseur, porte une grosse poutre horizontale, dans laquelle ces poteaux sont assemblés par le haut à tenon et mortaise, tandis que par le bas, ils portent sur des massifs de pierre *a*. Ce rez-de-chaussée est destiné à faire deux boutiques *ff*, entre lesquelles est une allée *g*, pour communiquer aux appartemens supérieurs *h* ; *i* est le linteau de la porte de cette allée ; dès deux côtés sont des poteaux d'environ dix pouces de grosseur, ils sont assemblés par le haut avec la grosse poutre à tenon et à mortaise, et appuyés par le bas sur les murs des boutiques *f*, dont ils forment les portes avec les lintaux portant les potelets de remplissage *k*, assemblés à tenon et mortaise à leurs extrémités ; *l l* sont les bouts des solives des planchers portant sur la grosse poutre et sur la sablière *m*.

Cette poutre porte la mortaise dans laquelle entrent les tenons du gros poteau et du poteau cornier, qui, à son tour, porte les mortaises dans lesquelles s'assemblent les sablières *m b* et *q*. Dans ces sablières, s'assemblent les poteaux des croisées *s*, les potelets *t*, des appuis *u*, et des lintaux *i*, de ces croisées ; les décharges *x*, et leurs tournisses *y*, les potelets *z*, les contrefiches croix Saint-André. Les petites sablières *r* sont destinées à porter les pieds des chevrons de combles : les lintaux *a* ⁴ sont composés de pièces ceintrées.

DES CLOISONS.

Les Cloisons (fig. 2 et 3).

Servent à séparer plusieurs pièces d'un appartement, et quelquefois même à soutenir une partie des planchers ; elles se composent de plusieurs poteaux *a*, depuis 4 jusqu'à 8 pouces de grosseur, de tournisses et de décharges *b* et *b* ⁴ ; les poteaux sont espacés de 15 à 18 pouces. S'il y a des portes, elles sont formées par des poteaux d'huisserie *c*, par le linteau *i*, par le potelet *k*. Les poteaux sont assemblés haut et bas dans les sablières *g* et *h*, ainsi que les tournisses.

On remplit les espaces de maçonnerie ou on ne les remplit pas : quand on les remplit, les cloisons sont dites pleines ; quand on ne les remplit pas, elles sont dites creuses ; mais dans ce cas, on les recouvre de lattes des deux côtés, par dessus les poteaux, et on les enduit de plâtre.

Il est une espèce de cloisons dites cloisons minces, ou de distribution, fig. 3 ; celles-ci servent à former des corridors, des cabinets, de petites chambres, on les compose ordinairement de planches *b*, espacées ou jointes, et entées par le haut, ainsi que par le bas, dans la rainure ou feuillure d'une coulisse, (fig. 4, 5 et 6), et s'il y a des portes, les coulisses s'assemblent à tenons et mortaises dans les poteaux d'huisserie *c*.

La figure 6, présente le profil de la coulisse avec sa rainure ou feuillure.

PLANCHES 4 ET 5.

DES PLANCHERS.

Un plancher est un assemblage de pièces de bois posées horizontalement, dont l'épaisseur sépare les différens étages d'un bâtiment et dont les surfaces composées de carreaux, de planches, de parquets ou de mosaïque, forment le sol et le plafond d'une chambre, les uns se font avec des poutres, les autres sans poutres.

Les poutres sont indispensables dans les grands appartemens, les planchers s'y font les uns avec poutres apparentes, les autres avec des poutres demi apparentes, ou même avec poutres perdues.

Les figures 1 et 2, pl. 4, offrent, la première, l'élévation, la seconde, le plan d'un plancher à poutres apparentes ; *a* (fig. 1), représente un bout de cette poutre ; *a* (fig. 2), en représente la surface supérieure ; sa grosseur doit être proportionnée à sa longueur et à la charge qu'elle doit porter. On l'appuie ordinairement d'un bout sur un mur de face, et de l'autre, sur un mur de refend, elle porte les solives de longueur *b* et *c* : les solives d'assemblage *ff*, de chevêtre *dd*, portent les unes dans les autres, et dans celles *cc*.

Le chevêtre *d* et *d*, est un assemblage de pièces de bois posées à tenon et à mortaise qui sert à déterminer la largeur et la longueur des cheminées ou des passages *e* et *e*, que l'on est obligé de laisser dans les planchers ; les solives d'enchevêtrure *c c*, sont celles dans lesquelles le chevêtre est assemblé. C'est ainsi que se construisent les planchers à poutres apparentes, dont l'autre partie est appuyée sur une sablière *k* (fig. 1 et 2), posée sur un mur (fig. 1 et 2), ou portée soit par une cloison, soit par on une autre poutre.

Les planchers à poutres demi apparentes (pl. 5, fig. 1, 2 et 3), sont ceux où toutes les solives de longueur et d'enchevêture *bb*, étant assemblées à tenons et à mortaises dans la poutre *a* (fig. 1, 2 et 3), on posées sur des lambourdes *dd*, qui y sont attachées, il ne reste plus en contre-bas que la moitié de la pièce.

Les planchers à poutre perdue, sont ceux (pl. 4, fig. 3 et 4), dans lesquels la poutre *a* se trouve cachée entre le plancher et le plafond, ces sortes de poutres portent deux solives, l'une supérieure *b*, l'autre inférieure *c* (fig. 3).

Les planchers sans poutres (pl. 4, fig. 2), sont ceux qui sont les plus usités, parce qu'ils conviennent le mieux à nos petits appartemens, on y emploie des solives de bois de brin, ayant de 10 à 13, et même 15 pouces d'équarrissage, suivant la grandeur des pièces qui déterminent leur portée ; ces solives portent, ou dans l'épaisseur des murs, ou sur des corbeaux, ou sur des lambourdes et elles sont assemblées à tenons et à mortaises dans des chevêtres.

DES COMBLES.

Les combles sont les charpentes qui soutiennent le toit. Ils sont à un seul égout, ou en appentis (pl. 6, fig. 1), lorsque les chevrons ne

2

sont placés que d'un côté ; ils sont à deux égouts , lorsque ces chevrons étant inclinés des deux côtés, l'eau peut conséquemment s'écouler de part et d'autre (fig. 2.)

Les combles à un seul égoût, ou à deux égoûts, sont simples, ou avec exhaussement, les simples sont représentés par les fig. 1 , 2 , 3 et 4 de la pl. 6. La fig. 2 , pl. 7 , représente un comble avec exhaussement.

Parlons d'abord des combles sans exhaussement.

Les fermes les plus simples de ces combles se composent d'une poutre *a*, ou poitrail (fig. 2 , 3 et 6), ou d'une demi poutre *a* (fig, 1, 4 et 7) ; d'un poinçon *b* (fig. 1 , 2 , 3 et 4) ; de deux ou d'une seule contre-fiche *c*, mêmes figures, et enfin , de deux arbalétriers *d*, ou d'un seul arbalétrier *d* (mêmes figures) ; c'est ce qui constitue une ferme de comble, et cette ferme est la plus simple de toutes.

La poutre ou le poitrail porte sur les murs *e*, le poinçon y est assemblé à tenon et à mortaise par son pied ; les arbalétriers sont assemblés de la même manière en *f*, avec le poinçon, et en *g* avec la poutre, et enfin , les contre-fiches sont assemblées en *n* et *m* , avec les arbalétriers, d'une part et le poinçon de l'autre ; sur les arbalétriers , sont placés de distance en distance, des pannes *k*, allant d'une ferme à l'autre, et posées sur des tasseaux qui servent à les caler, elles sont chevillées dans chaque arbalétrier , et appuyées sur les chantignoles *l*, assemblées à tenons et à mortaises, ou attachées avec de fortes chevilles de fer (fig. 8), dans l'arbalétrier, et entaillées en forme de talus, par leur extrémité supérieure.

Ces pannes contribuent à soutenir le poids de la couverture que portent les chevrons *o*. L'extrémité supérieure taillée en biseau , de ces chevrons , est appuyée et chevillée sur une pièce de bois *g*, appelée faîtage, qui va de l'une à l'autre ferme, et qui les unit toutes par le poinçon avec lequel elle est assemblée à tenon et à mortaise. Les pieds de ces chevrons sont appuyés et entaillés sur une plate forme appelée sablière qui est posée sur les murs, pour préserver ces pieds de l'humidité qui émane des plâtres.

Les fermes placées de 12 pieds en 12 pieds, dans toute la longueur de l'édifice , sont unies comme je l'ai dit, par une pièce de bois appelée faîtage, *a* (fig. 5), assemblée à tenon et à mortaise, de poinçon en poinçon , et soutenue par des liernes *b b*, assemblées dans les poinçons , qui le sont dans une poutre ou poitrail *d* semblable à celle *a* de la fig. 5. Les mortaises *e e* que l'on voit dans ces poinçons sont destinées à recevoir les tenons d'autant d'arbalétriers semblables à ceux *d d* des fig. 1, 2 , 3 et 4.

Il arrive souvent qu'aux combles en appentis ou à un égoût on supprime le faîtage, et par conséquent le poinçon : alors l'extrémité supérieure de l'arbalétrier et le bout intérieur de la contre-fiche sont scélés dans le mur *e*.

Si, pour pratiquer dans le comble un grenier commode, on jugeait à propos de supprimer la partie inférieure du poinçon *a* , alors il faudrait le faire porter sur l'entrait *ff*, que l'on ferait un peu plus fort qu'à l'ordinaire et d'un seul morceau. (Voy. figures 6 et 7.)

Les fermes de ce comble sont unies par un faîtage (fig. 6), composé des poinçons *a* , d'un faîte *g*, et d'un sous-faîte *b* , assemblés l'un et l'autre , par chaque bout, à tenon et mortaise, dans les poinçons *a* unis ensemble par des liernes assemblées dans le faîte , le sous-faîte et les poinçons.

PLANCHE 7.

La figure 1re représente une ferme beaucoup plus compliquée que celles dont nous venons de parler ; elle se compose d'une poutre ou tirant *a* appuyé par chaque bout sur les sablières *m*, posées sur le mur *e* , d'un poinçon *d* garni de bossages , de l'entrait *f*, des contre-fiches *g g*, des esseliers *i i*, de jambettes *h h*, des arbalétriers *k k*. Cette ferme, comme on le voit, est composée de treize pièces, et cette complication prodigieuse ne la rend pas plus solide.

Les pannes sont, comme dans les figures précédentes, chevillées dans les arbalétriers et posées sur des tasseaux appuyés sur des chantignoles *l*. Les chevrons *n n* sont appuyés, par leur extrémité inférieure, sur les sablières *m*. Les pièces *o o*, assemblées par le haut avec les chevrons et appuyées par les bas sur les murs, sont des coyaux.

L'avantage que présente ce comble, c'est d'offrir la facilité de supprimer la partie inférieure du poinçon et de la faire porter sur l'entrait, que l'on ferait plus fort : il en résulterait alors un grenier commode.

Il n'est pas difficile de connaître la composition du faîtage de ce comble, d'après ce que nous avons dit de l'autre : il se compose d'un faîte *i*, (fig. 3), d'un sous-faîte *k*, unis et soutenus par des liernes *l*.

FIGURE 2.

Cette figure représente un grand comble avec exhaussement ; il se compose d'une grande poutre *a* , portant un plancher et enclavée dans les murs *e*. Cette grande poutre porte les jambes de force *o* , qui , avec les esseliers *b*, supporte l'entrait *f*, capable lui-même de soutenir un plancher ; à cet entrait sont assemblés , à tenon et mortaise , le poinçon *q* qui, avec les contrefiches *b*, les jambettes *i i*, soutiennent les arbalétriers *k*, lesquels s'assemblent dans l'entrait *f*. Les chevrons *l* sont garnis de leurs coyaux et sont assemblés par leur extrémité inférieure avec les sablières *mm*.

Les fermes sont unies entre elles par un faît *o*, un sous-fait *p* assemblés dans les poinçons, et soutenus par des liernes. On voit les solives des planchers qui traversent de la poutre à une autre poutre, et d'un entrait *f* à un autre entrait.

PLANCHE 8.

La figure 1re représente un grand comble sans exhaussement composé de la poutre ou tirant *a* scélé par chaque bout dans les murs *e* ; ce tirant est surmonté d'un poinçon *b* avec lequel s'assemble, à tenon et mortaise, le grand entrait *d*. Sur cet entrait viennent s'appuyer les maîtres chevrons *e* soutenus du petit entrait *f*. Le grand entrait est garni d'esseliers *g*, de jambettes *h* qui se reportent sur le tirant *z*, où elles s'appuient par leurs extrémités inférieures sur les blochets *r* entaillés de leur épaisseur dans les sablières *m*, et se répétant d'un bout à l'autre des murs *c*. Ces sablières sont maintenues de six pieds en six pieds par des entretoises *l* assemblées dans l'une et dans l'autre à tenon et à mortaise, comme on peut le voir sur le plan (fig. 2) ; les chevrons sont garnis de leurs coyaux *q*.

Ces combles étant très élevés ont besoin d'être entretenus d'un faîtage (fig. 2), composé de fermes semblables à celle dont nous venons de parler, et appelées fermes de remplage ; il entre aussi dans la composition de ces faîtages 1° un faîte *l* et un sous-faîte *s* sur lequel sont appuyés les petits entraits ; 2° les chevrons de liernes *z* sur lesquels les grands entraits sont assemblés à tenons et mortaises ; le faîte et le sous-faîte sont liés ensemble par les croix de saint André, et le sous-faîte est soutenu par les liernes *n n*.

La même figure présente le plan de l'enrayure *a c* pris à la hauteur des chevrons de liernes *z*.

PLANCHE 9.

La figure 1re est un grand comble exhaussé composé d'une poutre *b*, dont les deux bouts sont scellés dans les murs *c* d'un poinçon *d* sur lequel est appuyée, comme dans la figure précédente, une maîtresse ferme composée des chevrons *a* appuyés sur le grand entrait *f*, sur le petit entrait *g*, soutenus par les esselliers *o*, et sur lesquels sont assemblées les jambettes *p* ; ces jambettes et les extrémités inférieures de ces chevrons sont appuyées sur les blochets *x* entaillés dans les sablières *m*, unies par les entre-toises *y*, comme on peut le voir (fig. 2).

Ce comble est entretenu de faîtages composés 1° des poinçons *d* dont les intervalles sont subdivisés par des fermes de remplage *n n* ; 2° du faîte *l*, du sous-faîte *f*, des chevrons de lierne *x* sous lesquels sont entaillés les grands entraits *f* ; toutes ces parties sont unies par les liernes *n*.

Au bas de cette figure, on voit le plan de l'enrayure pris à la hauteur des liernes.

Tous les combles dont on vient de parler se terminent par leurs extrémités de deux manières : les uns par des pignons, lorsque les murs latéraux s'élèvent jusqu'au faîte, tiennent lieu de ferme à la charpente qui vient s'appuyer dessus ; les autres se terminent en croupe. Dans ce cas, le comble étant oblique par son extrémité, y est formé et soutenu par une demi-ferme dans chaque angle *a b*. Dans ce cas, les chevrons de croupe *a a* vont s'assembler à tenon et à mortaise au sommet du poinçon *d*, tandis que les autres, devenant plus courts à mesure qu'ils s'approchent de l'angle, vont se joindre aux arétiers *a d*, *a b* ; c'est ce qu'on appelle l'entrait de croupe.

PLANCHES 8 ET 9.

DES COMBLES BRISÉS DITS A LA MANSARD.

Ces combles ont été inventés par Mansard, célèbre architecte du siècle de Louis XIV. Ils ont sur les autres l'avantage d'offrir des logemens commodes sous les charpentes, et cet avantage a été considéré comme si précieux, qu'ils sont devenus d'un usage très commun aussi bien dans les grandes villes que dans les maisons de campagne et les châteaux. On fait ces combles, comme les précédens, avec ou sans exhaussemens.

La fig. 3, pl. 8, présente un de ces combles sans exhaussement ; il est composé d'une maîtresse ferme consistant elle-même en un tirant *b* appuyé par chaque bout sur les sablières *m*, posées sur les murs *c c*, en jambes de force *r r*, avec leurs grands esselliers *e*, en chevrons de brisis *a* avec leurs coyaux *o*, en un entrait *f* sur lequel est appuyé l'assemblage d'une ferme composée d'un poinçon *d*, des contre-fiches *h h*, des jambettes *i i* qui soutiennent les arbalêtriers *k*. Les chevrons de faîte *a a* sont appuyés par un bout sur le faîte *l*, et par l'autre sur les pannes de brisis *h* qui viennent s'assembler par chaque bout dans l'entrait *f f*, et servent à l'union et à la consolidation des fermes dans toute l'étendue du comble.

La fig. 4 présente un autre genre de comble de brisis, mais qui ne convient que dans les constructions dont les murs sont faibles. On y remarque que les chevrons *a a* tiennent lieu des arbalêtriers, qu'ils sont assemblés à tenon et à mortaise avec le faîte *l*, ainsi qu'avec l'entrait *f*, qui reçoit aussi, de la même manière, les chevrons du brisis *a*, lesquels sont appuyés sur les esselliers *e* et sur les jambettes *p* portant sur les extrémités de la poutre *b*.

PLANCHE 9.

La fig. 3 offre l'élévation du comble à la mansard sans exhaussement représenté par la fig. 3 de la pl. 8 ; mais dans lequel les coyaux ont été supprimés : on y voit les pannes de long pan *h* et les pannes de brisis *h*, avec leurs tasseaux et leurs chantignoles.

La fig. 4 est le plan de ce pavillon, dont un côté est celui de l'enrayure à la hauteur de l'entrait *f* ; le plan est composé du coyer *b* et des goussets ; l'autre côté est le plan du faîte où l'on voit l'arétier *a d* sur lequel viennent s'appuyer les chevrons d'arrête *a a*.

La fig. 5 représente un comble à la mansard avec exhaussement ; on y trouve une maîtresse ferme composée de la poutre *b*, dont les deux bouts sont scellés dans les murs *c*. Sur cette poutre sont assemblées, à tenon et à mortaise, les deux jambes de force *r*, elles s'assemblent de la même manière, ainsi que leurs grands esselliers *o*, avec l'entrait *f*. Cet entrait porte le poinçon *d*, les jambettes *p*, pièces avec lesquelles sont assemblées, à tenon et à mortaise, les albalêtriers *g*, au-dessus desquels paraissent à l'aplomb des jambettes et des jambes de force, les pannes de long pan *h* sur lesquelles s'appuient les chevrons de faîte *a a* ; ce comble est entretenu par le faîtage *l*. Les chevrons de brisis *a* s'assemblent, à tenon et à mortaise, par leurs extrémités supérieures, avec les pannes *h*, et leurs pieds portent sur les sablières *m*.

PLANCHE 10.

La fig. 1re représente un comble à la mansard sans tirant ni poutres. Il est destiné à contenir une voûte en maçonnerie ; il se compose d'un fort entrait f que soutiennent par chaque bout les jambes de force z et les chevrons de brisis a. Ces chevrons de brisis s'appuient, par leurs extrémités inférieures, sur les blochets x entaillés dans les sablières m, maintenues de six pieds en six pieds par les entre-toises y, et posées sur les murs c. L'entrait f est surmonté d'une fermette composée du poinçon l, des arbalétriers g, des jambettes p et des chevrons de faîte h h appuyés sur les pannes de long pan et de brisis b', et du faîte l. L'intervalle des maîtresses fermes est divisé de deux pieds en deux pieds par des petites fermes, dont la principale assemblée dans les jambes de force z et dans l'entrait f, est composée de grands esselliers o sur lesquels est assemblé, un petit entrait g' soutenu des petits esselliers o.

COMBLE A L'IMPÉRIAL.

Ces combles à l'impérial sont à l'usage des pavillons; ils ne diffèrent entre eux que par leur plan, qui peut être carré, ovale, circulaire ou à pans coupés. Les carrés (fig. 2 et 3), se composent des jambes de force r garnies d'esselliers e, de jambettes, et assemblées avec des blochets appuyés sur les sablières m maintenues par des entre-toises y, et posées sur les murs c. Les jambes de force avec leurs esselliers e portent un entrait f dans lequel sont assemblées, à tenon et à mortaise, les jambettes p et trois pièces d c d, parmi lesquelles est un poinçon formant pyramide, destiné à porter en amortissement une boule ou toute autre figure. Les chevrons a a de comble sont courbes; ils viennent s'assembler par leurs pieds sur les blochets, près des jambes de force; et, par le haut, ils se réunissent aux pièces de bois pyramidales : toutes ces pièces forment ensemble une enrayure (fig. 3), où l'on remarque les coyers b, les goussets c.

COMBLES EN TOUR.

Ces combles, comme les précédens, peuvent être circulaires, carrés, ovales ou à pans coupés par leur plan. La fig. 1re de la pl. 11 présente un comble en tour, circulaire par son plan : il est disposé en forme de cône par son élévation. Il est composé du tirant b, appuyé de part et d'autre sur les sablières m, d'un grand entrait f, d'un petit entrait g, et d'un poinçon d, au sommet duquel sont assemblés, à tenons et à mortaise, les chevrons a. Ces chevrons, garnis de leurs coyaux q, portent, par leurs extrémités inférieures, sur les bouts du tirant b; ils sont soutenus dans leur longueur par les petits esselliers c, par les grands esselliers c', par le petit et le grand entrait, et, enfin, par les jambettes p, lesquelles sont assemblées, à tenon et à mortaise, dans le tirant b.

La fig. 2 est d'un côté le plan de l'enrayure pris à la hauteur du grand entrait f, et de l'autre celui de l'enrayure à la hauteur du petit entrait g.

Les autres combles en tour ne diffèrent de celui-ci que par leur plan.

COMBLES EN DOME.

Les combles en dôme peuvent être, comme ceux à l'impériale, circulaires, rectangulaires, ovales carrés, ou à pans coupés par leurs plans; ils peuvent être aussi, par rapport à leur élévation hémisphérique, surhaussés ou surbaissés : ils sont d'ailleurs plus ou moins compliqués; nous n'en présenterons ici que quatre exemples. La fig. 5, pl. 10, présente un comble surbaissé d'environ cinquante pieds de diamètre, et carré par son plan.

Il est composé de quatre tirans b croisés et parallèles deux à deux pour maintenir la solidité et empêcher l'écartement des murs c, et ces tirans sont entrelacés avec les coyers b' (fig. 6), garnis de leurs goussets. Ces tirans, ainsi que les quatre coyers, sont appuyés sur des sablières (fig. 5 et 6), qui sont posées sur les murs c, et maintenues de distance en distance par des entre-toises y. Les tirans, aux points où ils se croisent, portent des montans d qui s'élèvent jusqu'au sommet du comble, et sont maintenus par une croix de saint André; aux extrémités de chacun de ces tirans, sont des jambes de force appuyées sur les blochets entaillés dans les sablières. L'entrait f qui soutient une enrayure est appuyé, dans toute sa longueur, par les esselliers o et les contre-fiches c, et surmonté des arcs-boutans g soutenus par les jambettes p, et de courtes contre-fiches. Les jambes de force r sont garnies de supports r' qui soutiennent les chevrons courbes a' unis par les entre-toises v; au sommet de ce dôme est un petit poinçon d soutenu des contre-fiches o c. Ce poinçon est destiné à porter en amortissement une boule ou toute autre figure.

La fig. 4, même planche, est un dôme parabolique élevé sur un plan carré représenté par la fig. 7, qui est aussi le plan de l'enrayure; le diamètre de ce dôme est d'environ 30 ou 40 pieds : tel pourrait être celui de la principale entrée des Tuileries. Celui-ci est composé des jambes de force r appuyées sur des blochets x, entaillés sur les sablières m, lesquelles sont maintenues par des entre-toises y. C'est sur ces entre-toises (fig. 7), que sont posés les principaux membres de l'enrayure. Cette charpente se compose 1° de plusieurs tirans b (fig. 4 et 7), assemblés à tenon et à mortaise avec les goussets e des coyers b' (fig. 7); 2° d'un grand entrait f (fig. 4), soutenu par de grands et de petits esselliers o disposés en manière de voûte; ce grand entrait g porte des jambettes p qui, à leur tour, soutiennent les arcs-boutans assemblés, d'une part, avec l'entrait g; et, de l'autre, avec les montans ee. Les jambes de force rr', ainsi que les arcs-boutans i i, sont assemblés avec des supports y' qui soutiennent les chevrons courbes a unis par les entre-toises y'. Le sommet de ce comble est surmonté de plusieurs châssis k et l, avec potelets q; l'un de ces châssis l soutient des solives s destinées à former le fonds d'un réservoir.

Les figures 3 et 4 de cette planche représentent, l'une l'élévation parabolique; l'autre, le plan circulaire d'un dôme beaucoup plus grand que ceux dont nous venons de donner la description; on y remarque, de chaque côté, deux jambes de force *r* et *r'* dont les pieds sont appuyés sur les blochets *x*, posés sur les sablières *m*, maintenues par les entre-toises *y*. Avec les jambes de force *r'*, sont assemblés les grands esseliers *o*, qui portent eux-mêmes les petits esseliers *o'*; ces pièces soutiennent un entrait dont l'enrayure (fig. 4) est composée de plusieurs tirans *bb* avec lesquels sont assemblés les goussets *c* des coyers. Du milieu de l'entrait *b* s'élèvent, presqu'au sommet du dôme deux montans soutenus par des entre-toises et une croix de saint André *z*; cet entrait s'assemble au-dessus du grand essellier *c*, au-dessus des jambes de force *r*, avec les arcs-boutans *g*. Ces deux pièces qui sont unies par les liens *u* vont s'assembler, par leurs extrémités supérieures, avec les montans. Les arcs-boutans *g* sont munis de supports sur lesquels s'appuient les chevrons courbes et liés par des entre-toises *v*; les montans, sont garnis de plusieurs châssis sur lesquels on voit une lanterne garnie de poteaux d'huisserie *p*, d'appuis *i*, et de consoles *l*, surmontée d'un linteau ceintré *aaa*; toute cette petite charpente de la lanterne est couronnée par une calotte composée d'un entrait *ff*, d'un poinçon *t*, de deux supports *s*, de chevrons courbes *a*, et d'entre-toises *v*.

La figure 1re et la figure 2 de la planche 12 représentent, l'une, l'élévation parabolique; l'autre, le plan circulaire d'un dôme. Cette forme est la plus usitée pour ces sortes de charpentes. Comme elles sont faites pour recevoir des voûtes intérieurement, on supprime ordinairement le tirant *b*. Elle se compose donc des jambes de force *r* appuyées sur les blochets *x* posés sur des sablières *m* maintenues par des entre-toises *y*; les jambes de force *r* sont garnies des grands esseliers *o*, qui, à leur tour, portent les petits esseliers *o'*. Ces pièces disposées en forme de voûte s'assemblent, par leurs extrémités supérieures, avec l'entrait *f*; du milieu de cet entrait, s'élèvent, presqu'au sommet, deux montans *e* soutenus par des croix de saint André. C'est avec ces montans *e* et avec l'entrait *f* que s'assemblent les arcs-boutans *g* que soutiennent les jambettes *p*. Les arcs-boutans ainsi que les jambes de force sont garnis de supports *y'* sur lesquels s'appuient les chevrons courbes *a*.

La figure 2 présente le plan de l'enrayure de cette charpente prise à la hauteur de l'entrait *f*. On y remarque les coyers *b'*, les sablières *m*, les blochets *y* et les entre-toises sur lesquelles s'appuient les principales pièces de cette enrayure.

DES LUCARNES.

Les lucarnes sont des fenêtres pratiquées dans les combles pour procurer du jour aux chambres en galetas et aux greniers: on en fait de six espèces: celles de la première espèce sont nommées lucarnes faîtières (*Voy.* pl. 11, fig. 5.), parce qu'elles sont terminées en une sorte de pignon dont le faîte est couvert d'une tuile faîtière. Elles se composent des montans *a* assemblés, à tenon et mortaise, dans la sablière *b*, et d'un linteau courbe *c* portant sa moulure ou cimaise, et surmonté d'un petit poinçon *d* avec lequel s'assemblent les petits chevrons *a* qui en forment la couverture.

La fig. 6 de la même planche représente une espèce de lucarne dite à la flamande; ces lucarnes sont composées, comme les précédentes, des deux montans *a*, assemblés dans la sablière *b* et dans le linteau *c*. Mais ici le linteau est surmonté d'un fronton triangulaire, dont les corniches en pente sont composées de chevrons portant des moulures et servant de couverture.

La fig. 7, même planche, représente une lucarne dite à la capucine; elle est composée, comme les précédentes, de deux montans *a*, de la sablière *b*, d'un linteau *c* portant sa corniche, mais surmonté d'un petit toit en forme de croupe de comble, composée d'un poinçon *d*, d'arrêtiers *e* et de chevrons.

La fig. 8 est une lucarne dite demoiselle; elle est composée de deux montans *a* assemblés, par le bas, avec un appui ou sablière *b*, quelquefois avec des chevrons; et, par le haut, avec le linteau *c* surmonté de deux pièces de bois *d* destinées à soutenir une couverture au contre-vent.

La fig. 9 représente une lucarne ou œil-de-bœuf; il en est de même de la fig. 10. Ces sortes de lucarnes portent le nom d'œil-de-bœuf, parce que les premières que l'on ait faites étaient rondes; mais aujourd'hui il suffit qu'une fenêtre pratiquée dans les galetas ou les greniers n'ait pas plus de hauteur que de largeur, pour qu'on la nomme œil-de-bœuf; qu'elle soit circulaire, carrée, surbaissée, peu importe.

La fig. 9 est un œil-de-bœuf circulaire composé de deux montans *a* assemblés, par le bas, avec un appui *b*; et, par le haut, avec un linteau courbe *c*; la partie circulaire inférieure *d* est un morceau de plate-forme découpé et arrêté dans les montans et l'appui.

Enfin, la fig. 10 est un œil-de-bœuf surbaissé composé de deux montans *a*, d'un appui en sablière *b*, d'un linteau courbe *c* surmonté d'une cimaise.

CEINTRES DE CHARPENTE POUR LA CONSTRUCTION DES VOUTES ET DES ARCADES.

On sait qu'aucune arcade, qu'aucune voûte quelques petites qu'on les suppose, ne peuvent être construites qu'avec le secours d'un ceintre de charpente plus ou moins compliqué, selon l'étendue de la voûte ou de l'arcade à laquelle il doit servir d'appui.

La fig. 3 de la pl. 12 est une espèce de ceintre que fit Antonio Sangello, sous la direction de Michel-Ange, pour la construction du dôme de Saint-Pierre à Rome ; ce ceintre, remarquable par sa solidité, passe pour un des plus beaux morceaux de ce genre.

Il se compose 1° de deux poutres e et e d'une longueur égale au diamètre de la voûte ; chacune de ces poutres reçoit, à tenon et à mortaise, les deux contre-fiches g, et le bout taillé en biseau des jambes de force f. Les contre-fiches k vont s'assembler, par le haut, à tenon et à mortaise, avec le petit entrait i. Ce petit entrait i porte sur ses deux extrémités inférieures de deux liens l disposés en chevrons de ferme, lesquels soutiennent, par le milieu, une des trois pièces de bois e e e appelés semelles : les jambes de force f et les contre-fiches g vont s'assembler par leurs extrémités supérieures, savoir : les jambes de force ff avec les bouts extérieurs et les contre-fiches g et g, avec les bouts intérieurs des deux semelles e e. Ces contre-fiches et ces jambes de force sont maintenues par les liens h h, dont les supérieurs s'assemblent avec les deux bouts extérieurs des deux semelles e e. C'est sur ces trois semelles e e e que pose immédiatement le grand entrait c. Celui-ci porte dans son milieu, assemblé à tenon et à mortaise, 1° le poinçon b ; 2° les deux liens et les contre-fiches d d d ; 3° les pieds de chevrons de ferme a a qui vont s'assembler, par leur extrémité supérieure, avec le poinçon b, et sont soutenus dans leur longueur par les liens en contre-fiches d d d, et par d'autres pièces de charpente g g assemblées sur l'entrait. Les pièces i i font l'office d'entre-toises, et maintiennent l'écartement du poinçon et des contre-fiches d d.

La fig. 4, même planche, présente un ceintre beaucoup plus compliqué et non moins solide que le précédent. Il a été fait pour la construction d'une arcade surbaissée ; les extrémités de cette charpente reposent, de part et d'autre, sur des pièces de bois horizontales g appuyées sur les pieux r. Lorsqu'il s'agit de la construction d'un pont, et sur des corniches ou d'autres saillies, lorsqu'il s'agit de celle d'une voûte, sur ces pièces de bois horizontales s'appuient, par leurs extrémités inférieures, les contre-fiches g et k, et les jambes de force f. La contre-fiche k va s'assembler, par son extrémité supérieure, avec le petit entrait i i : cet entrait porte à ses bouts les pieds de deux liens l l disposés en chevrons de ferme : c'est sur ces chevrons que s'appuie sur son milieu la semelle médiane e, tandis que les deux autres semelles e' e' s'assemblent, par chacune de leurs extrémités, d'un côté, avec les contre-fiches g, de l'autre, avec les jambes de force f.

Les jambes de force f et les contre-fiches g sont entrelacées par les liens h, dont les supérieurs supportent les extrémités inférieures des deux semelles e' e' avec les contre-fiches g, tandis que leurs extrémités intérieures sont supportées par les jambes de force f et par le plus élevé des supports h' dont elles sont garnies.

C'est immédiatement sur les trois semelles e e' e', et surtout cet assemblage intérieur que repose le grand entrait c' : celui-ci porte dans son milieu le poinçon b où vont s'assembler les chevrons de ferme a, dont les pieds s'appuient sur le grand entrait c', et qui sont soutenus dans toute leur longueur par les liens et contre-fiches d. Les chevrons de ferme, ainsi que les contre-fiches, sont garnis de supports h' qui soutiennent les chevrons courbés m, sur lesquels sont placés des pièces de bois en longueur n pour maintenir les voussoirs.

PLANCHE 15.

CONTINUATION DES CEINTRES EN CHARPENTE.

La fig. 1re de cette planche présente un ceintre en charpente destiné à soutenir une voûte ou une arcade très surbaissée. On y trouve les jambes de force f avec leurs supports m, les contre-fiches g avec les liens h qui les unissent aux jambes de force. Ces deux pièces importantes s'assemblent, par le bas, avec les pièces de bois horizontales g. Portées sur des pieux r, lorsqu'il s'agit de la construction d'un pont, et sur des saillies, lorsqu'il s'agit de celle d'une voûte ; ces contre-fiches et ces jambes de force vont s'assembler, par le haut, avec l'entrait c qui s'assemble, à tenon et à mortaise, avec le poinçon b, ainsi qu'avec les petites contre-fiches g' que porte ce poinçon qui s'appuie sur un massif de maçonnerie fondé ou non fondé, selon les circonstances. Vers l'extrémité supérieure de ce poinçon b s'assemblent encore, à tenon et à mortaise, les chevrons de ferme a, dont les pieds s'appuient sur les deux bouts de l'entrait, au-dessus des jambes de force. Ces chevrons, soutenus dans leur longueur des liens d d, sont, comme les contre-fiches e, garnis de supports m, lesquels soutiennent les chevrons courbes n, qui, à leur tour, sont surmontés des pièces de bois o destinées à maintenir les voussoirs p.

La fig. 2 de la même planche est un autre ceintre de charpente des plus surbaissés fait pour la construction d'une voûte ou d'une arcade d'une grande ouverture.

Ce ceintre se compose de jambes de force f, de contre-fiches g appuyées sur des pièces de bois horizontales, qui portent sur des pieux ou des saillies, selon les circonstances. On remarque, en contre-bas de cette charpente, trois poinçons b b garnis de petites contre-fiches g' ; ces poinçons, leurs contre-fiches g' s'assemblent, à tenon et à mortaise, ainsi que les grandes contre-fiches g et les jambes de force f avec l'entrait c c c ; le poinçon du milieu porte les extrémités supérieures des chevrons de ferme a a, dont les pieds viennent s'appuyer dans l'entrait c, au bas de deux poinçons latéraux. Ces poinçons s'appuient, par le bas, sur des massifs de maçonnerie ; toute cette charpente est enlacée en tous sens par les liens d a', et par les supports m qui soutiennent les chevrons courbes n n, qui, à leur tour, portent des pièces de bois o destinées à porter les voussoirs f.

DES ESCALIERS.

Un escalier est l'assemblage d'une certaine quantité de marches ou degrés, avec une ou plusieurs pièces de bois perpendiculaires ou rampantes qui les portent : ces pièces de bois sont appelées noyaux ou échiffre. La construction d'un escalier est un des ouvrages les plus difficiles de la charpenterie, surtout lorsqu'il est fait en limaçon.

Il y a de grands et de petits escaliers : les premiers conduisent du rez-de-chaussée à tous les étages d'un bâtiment ; les seconds ne sont ordinairement que des moyens de communication d'un étage à un autre, ou du rez-de-chaussée à l'entre-sol. On les nomme, suivant l'usage auquel ils sont destinés, escaliers de dégagement, escaliers dérobés, etc. Ceux-ci étant plutôt l'ouvrage du menuisier que du charpentier, nous ne parlerons que des premiers.

Nous avons vu qu'ils sont de trois sortes : 1° à noyau circulaire (pl. 14, fig. 1, 2, 3 et 4), ou carré (pl. 15, fig. 1, 2, 3 et 4); 2° à limon suspendu, circulaire ou ovat (pl. 16, fig. 1 et 2); à limon carré (même pl., fig. 3, 4; à limon rectangulaire (pl. 17, fig. 1, 2, 3 et 4); 3° à échiffre (pl. 18, fig. 1 et 2). On fait aussi des escaliers en péristile (même planche, fig. 3 et 4); tous ces escaliers sont construits dans des cages ou circulaires (pl. 14, fig. 4), ou carrées (pl. 15, fig. 2, et pl. 16, fig. 4), ou rectangulaires (pl. 15, fig. 4, pl. 17, fig. 2 et 4, et pl. 18, fig. 4), ou enfin irrégulières (pl. 18, fig. 2). Les figures paires de toutes les planches représentent les plans de ces divers escaliers et les figures impaires en représentent les élévations.

Les noyaux circulaires a et a (pl. 14 fig. 1, 2, 3 et 4), se composent d'une seule ou de plusieurs pièces de bois arrondies, ils doivent avoir de 12 à 15 pouces de diamètre et monter de fond jusqu'au haut de l'escalier. Lorsqu'ils se composent de plusieurs pièces, ce qui arrive toujours lorsque le bâtiment a trois ou quatre étages, ces pièces doivent être assemblées à tenon et à mortaise avec la plus grande solidité, en effet elles reçoivent dans des mortaises, le bout b ou collet de chacune des marches de l'escalier, dont l'autre bout c est scellé dans le mur g de la cage, ces marches doivent être délardées, lattées par dessous leurs intervalles v doivent être remplis de maçonnerie que l'on enduit ordinairement de plâtre; la manière de construire les escaliers à noyaux carrés ne diffère en rien de la précédente.

Les limons suspendus, ou tournant sur eux-mêmes, dits en limace (pl. 16, fig. 1 et 2), que la cage soit ronde ou ovale, laissent apercevoir du haut en bas une partie du fond de la cage o, les bois qui composent ces limons rampant a doivent avoir au moins de 10 à 12 pouces de hauteur, sur 8 de largeur. Ils viennent s'arrondir en bas d d en forme de limaçon, les marches c d sont assemblées avec ce limon à tenon et à mortaise par un bout e et scellées dans le mur de la cage par l'autre bout d, comme on l'a vu pour celles des escaliers à noyaux. Ces marches doivent aussi être délardées, lattées, remplies de maçonnerie et enduites de plâtre par dessous; les limons de forme ovale ne diffèrent des circulaires que par leurs plans, enfin les escaliers à limons carrés ou rectangulaires (pl. 16, fig. 3 et 4, pl. 17, fig. 1, 2, 3 et 4), tournant sur eux-mêmes comme ceux dont nous venons de parler, n'en diffèrent et ne diffèrent entre eux que par leurs plans et celui de leurs cages.

Les escaliers à échiffres (pl. 18, fig. 1 et 2), sont ceux dont les limons sont posés à plomb l'un sur l'autre, enfin les escaliers à péristile sont ceux dont le limon rampant est soutenu par chaque bout sur une pièce de bois montant de fond.

Il y a plusieurs manières d'assembler les limons rampans d'un escalier. 1° on les assemble par une entaille avec des petits poteaux e e assemblés eux-mêmes avec une partie de la charpente f f, des palliers carrés, ou avec des quartiers tournans k pl. 17, fig. 2), ou bien encore sur des pièces de bois e e montant de fond (même planche, fig 3), c'est-à-dire s'élevant du patin o, appuyé sur la maçonnerie g, jusqu'au-dessus du bâtiment.

Ces limons sont ordinairement surmontés d'une rampe ou garde-feu en fer q (pl. 17, fig. 1 et 3), ou d'un autre limon s r, appelé limon d'appui, celui-ci s'assemble à tenon et à mortaise par chaque bout avec les petits poteaux ou montans e e, ou seulement par un bout avec le montant e et par l'autre dans le limon supérieur t (pl. 17 fig. 3 et 18, fig. 3), l'usage était autrefois de faire porter le limon d'appui sur des balustres rampans (pl. 17, fig. 1 et 3 et 18, fig. 1). Il est bon de faire la première marche o m en pierre, parce que l'extrémité a arrondie ou carrée supportant le pied du noyau ou du limon le préservera de l'humidité.

PLANCHE 19.

DES INSTRUMENS ET OUTILS A L'USAGE DES CHARPENTIERS.

La figure unique de cette planche représente une bascule simple, propre à élever et à enlever des fardeaux dans les bâtimens : cette machine se compose de quatre racinaux c, posés sur un plan solide entaillés les uns dans les autres, disposés parallèlement de deux en deux et se coupant mutuellement à angle droit par paire; vers les extrémités de ces racinaux sont assemblées huit contrefiches b qui vont aussi s'assembler dans un poinçon a qui s'élève au centre de ces racinaux; ce poinçon est surmonté d'une moufle d, au milieu de laquelle passe un boulon e qui tourne à pivot sur son extrémité supérieure, il porte d'ailleurs une bascule formée de deux pièces de bois f f unies par des liens de fer. A l'extrémité de l'un des bras de la bascule est suspendu le poids g que l'on veut enlever ou élever, à l'autre extrémité on voit plusieurs cordages au moyen desquels plusieurs hommes mettent cette machine en mouvement et portent le poids où ils veulent en faisant tourner la bascule sur son pivot.

PLANCHE 20.

La première figure de cette planche représente une machine appelée gruau, cette machine d'environ quarante pieds de hauteur se compose d'un trenil a mu par les léviers b, autour duquel s'enveloppe un cordage, qui porte le fardeau d. Le trenil a est appuyé sur ses tourillons dont l'un est dans une jambette c qui s'assemble d'une part dans un rancher ou échellier et de l'autre à une fourchette g et dont l'autre est dans un poinçon h posé sur un socle i. Ce poinçon qui s'assemble à la fourche g, est soutenu par deux contrefiches k, appuyées sur le socle i et par le bout supérieur dans la fourche f, ce poinçon, ce rancher, ces contrefiches, sont lies ensemble par la moise l, enfin ce gruau est terminé par un fauceauneau m garni des poulies n et n. Ce fauceauneau est soutenu d'un côté par le lien o assemblé à tenon et à mortaise avec la sellette p et de l'autre côté à l'extrémité de cette sellette. Le gruau est propre à élever de très lourds fardeaux.

La seconde figure de cette planche représente des moufles. Ce sont des machines d'autant plus commodes dans les constructions qu'on les transporte facilement, qu'elles sont fort simples et ont une grande puissance; elles se composent de plusieurs poulies, autour desquelles tourne un cordage b renvoyé autant de fois qu'il y a de poulies; ces poulies sont retenues ensembles par de petites cloisons formant ce qu'on appelle chape c et d. Chacune d'elles tourne cependant sur son tourillon particulier, la chape supérieure d porte deux crampons e et f. Dans le crampon inférieur de cette chape e est arrêté le bout du cordage b et dans le supérieur f est passé un cordage pour fixer la moufle au point où l'on veut élever le fardeau : la chape inférieure c n'a qu'un crampon h par en bas auquel est arrêté le cordage pour attacher le fardeau.

PLANCHE 21.

La figure 1re représente un gruau qui ne diffère du précédent qu'en ce que le fauconneau ou étourneau m garni de ses poulies n n est posé horizontalement et soutenu des liens o, fixés sur la scellette p. Le bout du cordage g, donne l'idée du nœud le plus simple et peut-être le plus solide de tous ceux dont on puisse faire usage pour élever de gros fardeaux, et pour haler les pièces de bois ensemble.

La figure 2 de la même planche représente une chèvre, c'est la machine dont les charpentiers font le plus d'usage pour élever leurs fardeaux, à cause de la facilité qu'ils trouvent à la transporter, la chèvre telle qu'elle est représentée ici est composée d'un treuil a mu par des leviers b et autour duquel s'enveloppe un cordage c, renvoyé par une poulie d placée au sommet et entre les deux bras e, unis entre eux dans toute leur longueur par des traverses clavetées f de sorte que la chèvre présente la figure d'un triangle. Toutes les traverses parallèles à la base s'appellent entre-toises. Le sommet des bras est consolidé par un boulon de fer à clavette qui les traverse. Cette machine est tenue droite ou inclinée relativement à l'objet à élever au moyen d'un fort câble qui embrasse exactement son extrémité et va se fixer à quelqu'objet solide.

PLANCHE 22.

La figure que présente cette planche est celle d'un gruau de soixante pieds de hauteur, il est composé d'un poinçon a soutenu par les huit contrefiches b qui s'assemblent ainsi que lui sur un empattement de quatre racineaux c posés sur un échafaud d. Sur le poinçon a tourne une machine à enlever des fardeaux, et cette machine se compose du rancher ou échellier e, soutenu par des liens en contrefiches f, pièces qui sont unies par 4 moises h et h, 2 dans les deux inférieures h, 2 passent le sommet du poinçon et sont arrêtées des souquentes i portant un treuil k, autour duquel s'enveloppe un cordage l roulant sur plusieurs poulies m assemblées partie dans le rancher e, partie dans l'une des extrémités des moises h, ce treuil est mu par une grande roue n, dans l'intérieur de laquelle marchent plusieurs hommes dont le poids et la progression la font tourner.

PLANCHE 23.

La première figure de cette planche représente un cric dont les fig. 2 3 et 4 sont les développemens. Cette machine est de la plus grande utilité en charpenterie, elle sert à élever et à soutenir des fardeaux. Elle se compose d'une forte pièce de bois a creusée en dedans, entourée de liens de fer b, partout où elle est faible et surtout à ses extrémités. Cette pièce porte du haut en bas une lumière c (fig. 2), dans laquelle monte et descend le crochet d (fig. 4), d'une forte barre de fer e ayant à son extrémité supérieure le croissant f, cette barre qui sert à élever des fardeaux est dentelée d'un bout à l'autre et dans ses dents s'engrène un pignon g mu par une manivelle h que l'on retient fixe par un crochet i, lorsque le poids est assez élevé, pour augmenter la force du cric on ajoute un second pignon k (fig. 3), engrené dans une petite roue l, c'est ce second pignon qui est alors immédiatement mu par la manivelle h dont nous venons de parler.

PLANCHE 24.

La figure 1re de cette planche représente un cabestan, cette machine est destinée à traîner de gros fardeaux à l'aide de deux rouleaux que l'on pose successivement sous ces fardeaux pour éviter les frottemens. Elle se compose d'un plateau a dans lequel tourne verticalement un treuil b, mu par deux leviers horizontaux o, et autour duquel s'enveloppe en d, un cordage, auquel on attache le fardeau; sur ce plateau, sont fortement assemblés deux supports g; c'est par les pieds de ces supports qu'au moyen de ce cordage h, qui se développe en f, on arrête le cabestan à une pièce i, plantée en terre; sur les supports sont assemblées les extrémités supérieures des deux courbes k, tandis que les extrémités inférieures de ces mêmes courbes l, disposées en boutants, le sont dans le plateau a; tout cet assemblage est affermi par les entre-toises l.

La figure II représente un singe, machine qui n'est propre qu'à enlever de petits fardeaux, elle est composée d'un treuil horizontal a, mu par des leviers b, et autour duquel s'enveloppe le cordage c, auquel on attache le cordeau. Ce treuil tourne sur deux supports d, assemblés en croix de saint-André. Ces supports sont posés et fixés par des tenons sur deux sommiers e, fixés eux-mêmes sur deux pièces de bois f, posées sur un plan solide.

PRINCIPES GÉNÉRAUX, DONT LES CHARPENTIERS NE DOIVENT JAMAIS S'ÉCARTER, S'ILS VEULENT FAIRE DES OUVRAGES SOLIDES.

Ils ne doivent jamais donner à un pan de bois élevé de trois étages, moins de huit à neuf pouces d'épaisseur, en observant encore que les poteaux corniers doivent en avoir au moins dix de gros, les sablières huit à neuf, quant aux quettes, aux décharges, aux croix de saint-André et aux poteaux d'huisserie; il suffit que ces parties en aient sept à huit, et l'on peut même réduire à six à sept, les poteaux de remplissage, ainsi que les potelets et les tournisses.

Lorsqu'un pan de bois sera élevé sur une poutre ou poitrail, au-dessus d'une grande ouverture; il faudra nécessairement donner à l'épaisseur verticale de cette poutre ou poitrail, le douzième de la largeur de cette ouverture; il sera bon, même de faire sur le poitrail au-dessus de chaque grande baie, une armature.

Les poteaux d'aplomb des cloisons intérieures, portant planchers, doivent toujours avoir pour épaisseur le douzième de leur hauteur, et les décharges, ainsi que les sablières, un pouce de plus en largeur qu'en épaisseur.

Quant aux cloisons qui ne sont que de distribution, on peut les faire avec des bois refendus, ayant moitié moins d'épaisseur que les précédentes.

Il faut remarquer que les pans de bois ou cloisons ont très peu de solidité par eux-mêmes, à cause de leur peu d'épaisseur; ils ne se soutiendraient pas s'ils étaient isolés, ils ont donc besoin d'être liés avec des murs ou des pans de bois en retour ou par des planchers. Il n'en est pas de même d'un mur, il peut se soutenir de lui-même; ce qui n'arriverait jamais à un pan de bois; car, quand bien même on lui donnerait la même épaisseur qu'à un mur, il n'aurait encore qu'une solidité moindre de moitié par la raison que sa pesanteur spécifique serait aussi moindre de moitié, et que la solidité est en raison directe de la pesanteur.

Le degré de stabilité d'un pan de bois est toujours exprimé par son poids, multiplié par la moitié de son épaisseur; ainsi, le poids moyen d'un pied cube de bois hourdé, c'est-à-dire rempli de maçonnerie et ravalé en plâtre, comme on le pratique à Paris, étant de cinquante livres par pied superficiel. Nous avons pour l'expression de sa stabilité 50×4, s'il n'a que huit pouces d'épaisseur, ce qui donne 200, tandis qu'un mur de face en moellon, ayant seize pouces d'épaisseur, donne par pied superficiel 180×8, 1440; néanmoins on peut donner à un pan de bois isolé autant de stabilité qu'à un mur, et pour cela, il suffit d'étayer le poteau cornier par des contrefiches assemblées dans des sablières, et ayant sept fois en longueur l'épaisseur du pan de bois, c'est-à-dire 4 pieds 8 pouces.

Quant aux planchers, nous nous bornerons à faire observer ici, que s'ils sont de même largeur, leur solidité sera toujours en raison, doublée de l'épaisseur verticale des solives qui les composent, en raison directe de la base de ces solives, et inverse de leur espacement.

Ainsi, l'espacement des solives étant supposé égal dans deux planchers de même largeur, si les solives de l'un ont 8 pouces de hauteur verticale, et si celles de l'autre n'en ont que 6, la solidité de l'un sera à celle de l'autre, comme le carré de 8 est au carré de 6; c'est-à-dire : : 64 : 36 ou : : 32 : 18, c'est-à-dire, presque double, cependant la quantité de bois produite par des solives de huit pouces, ne surpasse que d'un quart celle que fourniraient des solives de six pouces. Ainsi, un quart de bois de plus, donne une force presque double.

Mais, si dans deux planchers garnis de solives de même longueur, et de six pouces de grosseur en carré, ces solives, dans l'un, sont éloignées de neuf pouces, tandis que dans l'autre, elles ne le sont que de six, ce dernier sera une fois et demie plus fort.

Si les solives sont espacées tant plein que vide, il faut pour que le plancher ait toute la solidité nécessaire, qu'elles aient en épaisseur verticale, le vingt-quatrième de leur longueur dans œuvre, c'est-à-dire, entre leurs appuis; ainsi, les solives d'un plancher de douze pieds de largeur devraient avoir six pouces de hauteur verticale, et être espacées de six pouces, si elles sont carrées.

DE LA FORCE DU BOIS DE CHÊNE.

Nous traiterons dans ce paragraphe : 1° de la force du bois debout, 2° de la force du bois placé horizontalement. L'expérience démontre qu'un poteau d'un pied de superficie, comprenant 20,736 lignes carrées, pourrait supporter un poids de plus de deux-cent mille livres, s'il n'avait en hauteur qu'environ douze fois le diamètre de sa base, et qu'en raison de cinq livres au lieu de dix par lignes carrées, on peut employer dans une construction un tel poteau, pour porter un fardeau excédant de peu de chose, cent mille livres.

Si ce poteau au lieu, avait quinze fois en hauteur la longueur de son diamètre, il faudrait réduire le fardeau à quatre livres par ligne, carrées, et s'il avait vingt fois cette longueur, il faudrait le réduire à trois livres.

La force des bois posés horizontalement, appuyés et fixés par les deux bouts sur des appuis, est égale au produit de leur base par leur hauteur multiplié par cette même hauteur, en sorte que la force d'une solive de bois carrée dont la base serait de douze pouces, serait exprimée par 144, produit de sa base par sa hauteur multiplié par 12, ce qui vaudrait 1728; mais si la base de cette pièce n'était que de 11 pouces et sa hauteur de 10 l'expression de cette force $11 \times 13 \times 13 = 1859$.

Et en diminuant toujours la base d'un pouce et augmentant la hauteur de la même quantité, l'expression de sa force irait toujours croissant, jusqu'à ce que la base ne fût plus égale qu'aux deux tiers de la hauteur, comme le prouve le tableau suivant.

BASE.	HAUTEUR.	SUPERFICIE.	FORCE.
12	12	144	1728
11	13	144	1859
10	14	140	1960
9	15	125	2025
8	16	128	2048
7	17	119	2025
6	18	108	1944
5	19	95	1805
4	20	80	1600
3	21	63	1323
2	22	44	968
1	23	23	529

4

Il résulte de ce tableau que la force d'une pièce de bois placée horizontalement est égale au produit de sa superficie par sa hauteur, et que la poutre la plus forte, toutes choses égales d'ailleurs, sera toujours celle dont la hauteur sera le double de sa base.

Si maintenant nous considérons la force d'une pièce de bois, placée horizontalement sous le rapport de sa longueur entre ses deux appuis, nous verrons cette force décroître à mesure que sa longueur augmentera, comme nous avons vu diminuer celle des poteaux à mesure que leur hauteur augmentait.

Nous entrerons encore dans quelques détails sur cet objet, quoique l'expérience et la pratique en apprennent plus que la théorie.

On a prétendu que pour trouver la force d'une pièce de bois placée horizontalement, il faut multiplier la surface de la grosseur de la pièce par la moitié de sa force absolue et diviser le produit par le nombre de fois que son épaisseur verticale est contenue dans sa longueur. Ainsi, par exemple, la force absolue d'une pièce de bois étant par ligne superficielle de 96 livres, il en résulterait qu'une tringle d'un pouce en carré et de trois pieds de long entre ses appuis, ayant, par conséquent, 144 lignes carrées de superficie, ne devrait rompre que sous un effort de 192 livres, puisque l'on a 144, multiplié par 48, moitié de la force absolue, et divisé par 36, nombre de fois que la hauteur verticale qui est d'un pouce est comprise entre les appuis; en effet, 144×48 divisé par $36 = 192$; mais l'expérience dément trop souvent cette théorie pour que l'on puisse s'y confier aveuglément; d'ailleurs, en matière de construction les charpentiers comme les architectes doivent toujours avoir pour principe d'exécuter leurs ouvrages de manière que la résistance présumée par la théorie, soit toujours double du fardeau.

Nous donnons d'ailleurs tout ce qui peut intéresser la force des bois en cinq tableaux.

DE LA FORCE DU BOIS DE CHÊNE.

Le bois, a comme les métaux une force absolue et une force relative à sa position, soit verticale, soit horizontale, soit inclinée. La force absolue ou primitive du bois de chêne est onze fois moins grande que celle du fer, elle consiste dans la résistance qu'une pièce oppose à un effort tendant à la rompre en en tirant les fibres, soit horizontalement, soit verticalement dans le sens de leur longueur sans occasioner ni torsion ni flexion. Nous donnons ici le tableau des expériences qui ont été faites sur des tringles de différentes grosseurs et de différentes longueurs, suspendues verticalement et tirées perpendiculairement à l'horizon, pour en connaître la force absolue. Nous donnons aussi le résultat de celles que nous avons faites nous-mêmes dans les mêmes vues, sur des tringles tirées par les deux bouts parallèlement à l'horizon.

EXPÉRIENCE POUR CONNAITRE LA FORCE ABSOLUE DU BOIS DE CHÊNE.

EXPÉRIENCES FURENT TROIS-QUES, AYANT DÉPUIS UNE JUSQU'A TROIS LIGNES DE GROSSEUR.	GROSSEUR OU LIGNE EN CARRÉ.	SUPER-FICIE.	LONGUEUR	CHARGE SOUS LAQUELLE ELLE S'EST ROMPUE.	TOTAL DES TROIS CHARGES.	FORCE MOYENNE POUR TROIS EXPÉRIENCES.	NOMBRE DE FOIS QUE LA LONGUEUR CONTIENT L'ÉPAISSEUR.	CHARGE POUR CHAQUE LIGNE SUPERFICIELLE.	RÉSULTAT MOYEN POUR TROIS EXPÉRIENCES PAR LIGNE SUPERFICIELLE.	RÉSULTAT GÉNÉRAL DE NEUF EXPÉRIENCES.
1re	1	1	2 pouces	107			24	107		
2me	1	1	2	98	307	$102 + \frac{1}{3}$	24	98	$102 + \frac{1}{3}$	
3me	1	1	2	102			24	102		
1re	2	4	2 pouces	407			12	$101 + \frac{3}{4}$		
2me	2	4	2	387	1212	404	12	$98 + \frac{3}{4}$	101	$101 + \frac{11}{16}$ ou 0,611
3me	2	4	2	418			12	$104 + \frac{1}{2}$		
1re	3	9	8 pouces	954			52	$103 + \frac{7}{9}$		
2me	3	9	8	908	2757	919	52	$100 + \frac{8}{9}$	$102 + \frac{1}{9}$	
3me	3	9	8	915			52	$101 + \frac{2}{3}$		

Il faut remarquer que dans les trois premières expériences ci-dessus, les tringles avaient en longueur vingt-quatre fois leur grosseur, que dans les trois secondes, elles ne l'avaient que douze fois; enfin, que dans les trois dernières, elles l'avaient trente-deux fois, et que de cette différence dans le rapport de leur longueur à leur épaisseur, il n'en résulte aucune qui soit sensible dans la force de chacune d'elles par ligne superficielle. On peut donc raisonnablement en conclure que la longueur d'une pièce de bois de chêne n'exerce aucune influence sur sa résistance, lorsque, comme dans le cas ci-dessus, elle sera tirée par les deux bouts. Pour nous convaincre de la justesse de cette conclusion, nous renouvelâmes les trois expériences dernières sur des tringles de trois lignes en carré, comme celles ci-dessus; mais ayant en longueur quarante-huit fois leur épaisseur, et comme les résultats particuliers et le résultat moyen que nous obtînmes, ne différèrent pas sensiblement de ceux déja obtenus; nous pouvons assurer que la longueur d'une pièce de bois tirée par les deux bouts, n'a aucune influence sur sa force, et que cette force est à peu près de 100 à 101 livres par ligne superficielle de sa grosseur. Nous obtînmes encore des résultats semblables en faisant tirer parallèlement à l'horizon trois tringles de chacune quatre lignes en carré ou seize lignes de superficie, et ayant chacune seize pouces de longueur, ou quarante-huit fois leur épaisseur. La première résista, avant de se rompre, à un effort équivalent à 1608 livres; la seconde se rompit sous 1613, et la troisième sous 1998, ce qui donne pour la force moyenne de ces trois tringles 1606 livres 3 onces, ou 100 livres + 636 millièmes de livre. Mais dans ces expériences nous observâmes que chacune des trois tringles s'était, avant de se rompre, alongée de près d'un pouce.

Il résulte de tout cela que la force absolue du bois de chêne tiré par les deux bouts, est de 100 à 101 livres par ligne superficielle, et qu'une pièce de bois de douze pouces en carré contenant 20,736 lignes superficielles, ne se romprait quelle que fût sa longueur que sous un effort équivalent à 2,073,600 livres.

EXPÉRIENCES SUR LES BOIS POSÉS DEBOUT ET D'APLOMB.

Si le bois n'était pas flexible, une pièce debout et bien d'aplomb porterait une même charge quelle que fût sa hauteur relativement à la largeur de sa base; mais l'expérience a démontré que, si un poteau a en hauteur plus de huit fois cette largeur, il commencera par plier sous la charge avant de s'écraser, et que, si sa hauteur contient plus de quatre-vingt-dix-neuf fois l'épaisseur de sa base, il ne sera plus capable de porter aucun fardeau sans plier. Les expériences faites sur le bois de chêne et le bois de sapin posés debout, ont prouvé que le premier quand il est trop court pour plier, peut porter de quarante à quarante-huit livres par ligne de superficie, et le second de quarante-huit à cinquante-six : ce qui porte la force moyenne de l'un à 44 livres par ligne de superficie de sa base, et celle du second à 52 livres. Ainsi, l'on devrait préférer le bois de sapin à celui de chêne pour la construction des poteaux, s'il n'était pas sujet à des inconvéniens nombreux qui rendent son emploi dangereux dans les charpentes. La durée du bois de chêne étant incomparablement beaucoup plus longue que celle du sapin, a dû dans tous les cas lui faire donner la préférence même pour les bois debout, d'autant plus que sa force de 44 livres par ligne superficielle est plus que suffisante pour cet emploi ; mais cette force diminue progressivement à mesure que la pièce augmente en hauteur, en sorte qu'elle n'est plus que deux livres dans un poteau qui a soixante-deux fois la largeur de sa base, et cette force diminue dans la progression suivante.

PROGRESSION SUIVANT LAQUELLE LA FORCE D'UN POTEAU DIMINUE A MESURE QU'IL AUGMENTE EN HAUTEUR.

GROSSEUR DU POTEAU EN POUCES CARRÉS.	GROSSEUR EN LIGNES SUPERFICIELLES.	HAUTEUR DU POTEAU.	NOMBRE DE FOIS QUE LA LARGEUR DE LA BASE EST DANS LA HAUTEUR.	FORCE PAR LIGNE PESANT LA HAUTEUR.	AUTRE EXPRESSION DE LA FORCE PAR POUCES.	FORCE TECHNIQUE SUIVANT DONNÉE D'ATELIER EN 10.	PROGRESSION SUIVANT LAQUELLE LA FORCE DIMINUE.
10	14400	de 10 à 80 p.	de 1 à 8 fois	44 ou	44	633600	633600
10	14400	10½	12	36 + ⅔ ou	$\frac{44+5}{7}$	528000	105600
10	14400	20	20	22 ou	22	316800	316800
10	14400	30	30	14 + ½ ou	44/3	211200	422400
10	14400	40	48	7 + ⅓ ou	44/6	105600	52800
10	14400	50	60	5 + ⅓ ou	44/11	52800	528000
10	14400	60	72	1 + ½ ou	44/24	16800	616800

On voit par cette théorie et ces calculs fondés sur des expériences souvent réitérées par des hommes habiles, qu'un poteau de dix pouces de grosseur contenant 14,400 lignes superficielles, peut, quand sa hauteur ne contient pas plus de huit fois la largeur de sa base, porter une charge de 44 livres par chaque ligne de cette superficie, ou 633,600 ; mais qu'il ne peut plus en porter sans plier et se rompre, que les cinq sixièmes, quand sa hauteur est égale à douze fois le diamètre de sa base, que la moitié, lorsque cette hauteur est égale à vingt-quatre fois ce diamètre, ensuite le tiers, le sixième, le douzième, le vingt-quatrième, à mesure que cette hauteur surpasse de douze fois ce diamètre. En sorte que, si un poteau d'une superficie égale à celle de celui qui vient d'être l'objet de nos calculs avait quatre-vingts pieds de hauteur, il ne pourrait plus porter que 6,600 livres, au lieu de 633,600. Et qu'enfin il plierait sous son propre poids s'il en avait quatre-vingt-six.

Quand on examine la marche que suit cette progression en décroissant, on est d'abord frappé d'une irrégularité telle qu'on ne peut la soumettre à aucune formule ; mais si l'on considère que le poids du bois sur sa propre base augmente d'une manière constante en raison arithmétique de sa hauteur, mais que sa flexibilité n'augmente d'une manière sensible et suivant une progression géométrique que quand sa hauteur contient plus de huit fois le diamètre de sa base, on ne sera plus étonné de voir sa force décroître dans une progression dont on ne peut indiquer la formule que lorsqu'un poteau ayant en hauteur plus de vingt-quatre fois son épaisseur, sa force est moindre de moitié.

DE LA FORCE DU BOIS DE CHÊNE POSÉ HORIZONTALEMENT, ET PORTANT PAR SES EXTRÉMITÉS SUR DEUX APPUIS.

Toutes les expériences qui ont été faites sur des pièces de bois posées horizontalement selon leur longueur et portant par leurs extrémités sur deux appuis ont prouvé que leur force diminuait en raison de la distance entre ces appuis. Une tringle de bois de chêne ayant de grosseur deux pouces en carré et vingt-quatre pouces de longueur entre ses appuis, s'est rompue sous une charge de 2304 livres, tandis qu'une autre tringle du même bois et de la même grosseur, mais n'ayant que dix-sept pouces de longueur entre ses appuis, a porté avant de se rompre 5105 livres, d'où il résulte que la force de ces deux tringles était à peu près en raison inverse de la distance entre les appuis : en effet si l'on établit la proportion suivante pour trouver ce rapport, on aura $17 : 24 :: 2304 : 3252 + \frac{12}{17}$, au lieu de 3105 qu'a donné l'expérience et qu'on aurait dû trouver si la force de deux tringles de même bois et de même grosseur était exactement en raison inverse de leur distance entre leurs appuis.

Une autre tringle de même bois, mais de deux pouces de base sur trois de hauteur verticale, ayant comme la première, 24 pouces de longueur entre ses appuis, ne s'est rompue que sous une charge de 5123. Si la force de ces deux tringles eût été exactement comme le carré de leur épaisseur verticale, on aurait eu la proportion suivante : 4 carré de l'épaisseur verticale de la première, est à 9 carré de l'épaisseur verticale de la seconde, comme 2304 est à 5184, au lieu de 5123 qu'a donné l'expérience. Mais on sent que ces rapports ne peuvent pas être exacts et qu'ils s'éloignent même beaucoup de l'exactitude, puis qu'on n'y fait entrer en aucune considération l'épaisseur de la base avec laquelle la force d'une pièce est en raison directe, en même temps qu'elle est en raison doublée de l'épaisseur verticale. Ainsi dans l'exemple ci-dessus, quand la tringle qui à deux pouces de base et trois pouces d'épaisseur verticale, n'aurait eu qu'un pouce d'épaisseur horizontale, le rapport aurait été le même, ce qui est aussi contraire à l'expérience qu'à la raison. Pour avoir le vrai rapport de la force d'une pièce avec sa grosseur, il faut multiplier le carré de son épaisseur verticale, par son épaisseur horizontale, ce qui dans les deux cas dont il s'agit aurait donné pour la première tringle, 8 au lieu de 4, et 18 au lieu de 9. Pour la seconde d'où serait résulté dans ce cas, un rapport absolument identique avec celui ci-dessus ; mais qui eût été bien différent si la seconde tringle au lieu d'avoir deux pouces de base n'en avait eu qu'un, puisque nous aurions eu pour les deux premiers termes de l'équation 8 : 9 au lieu de 8 : 18, ce qui n'aurait pas été exact puisque ni dans l'un ni dans l'autre cas on n'a fait entrer en considération ni la longueur des pièces entre les appuis, ni le rapport de leur épaisseur verticale avec cette longueur, quoique ces considérations soient de la plus haute importance.

Pour trouver la force du bois posé horizontalement sur deux appuis, puisque cette force est en raison directe de la largeur de sa base et en raison double de sa hauteur verticale, il faut multiplier cette base par la hauteur pour avoir son carré, multiplier ensuite ce carré par autant de fois 144 qu'il contient de pouces ; on obtiendra par là, sa surface en lignes : on multipliera enfin cette surface en lignes par la moitié de la force absolue que nous avons trouvée être propre à chacune d'elle, cette force variant de 102 à 90, on la réduira à 96, et la moitié 48 sera l'un des facteurs de la dernière opération dont le produit sera la force primitive d'une pièce de bois placée horizontalement sur deux appuis, abstraction faite de sa longueur entre ces appuis. Mais comme cette force est en raison inverse de cette longueur et en raison doublée de l'épaisseur verticale, on cherchera le rapport de cette épaisseur à cette longueur et on divisera par le quotient la quantité qui exprime la force primitive de la pièce : et l'on aura pour résultat de cette dernière opération, la véritable force de cette pièce.

Ainsi dans le premier exemple cité, nous avons une tringle de deux pouces en carré ou de quatre pouces en superficie ; pour avoir la force primitive de cette tringle, nous multiplierons 144, nombre des lignes contenues dans chaque pouce par 4, nombre des pouces contenus dans une pièce de deux pouces en carré, le produit de cette multiplication sera 576, expression de la quantité de ligne superficielle contenue dans cette pièce. Ce dernier nombre multiplié par 48, expression de la force du bois pour chaque ligne, produira 27648 qui sera la force de la tringle indépendamment de sa longueur entre les appuis : cette longueur étant de 24 pouces, la hauteur de la pièce étant de deux pouces, le rapport entre cette longueur et cette hauteur, est 24 divisé par 2 ou 12. Divisant enfin 27648 par cette quantité 18, le quotient sera 2304, force de la tringle trouvée par l'expérience. En opérant de même pour la seconde tringle dont l'épaisseur horizontale et l'épaisseur verticale sont les mêmes que dans la première, on trouvera 27648, pour expression de sa force primitive ; mais comme sa longueur entre les appuis n'est que de 17 pouces au lieu de vingt-quatre et que le rapport 17 à 2 est de $8 + \frac{1}{2}$ on aura $\frac{27648}{8 + \frac{1}{2}}$ ou $3252 + \frac{12}{17}$. Si nos calculs ne sont pas d'accord avec ceux de Rondelet, c'est qu'il a commis une erreur manifeste en prenant pour la longueur de la première tringle 23 au lieu de 24.

Dans l'exemple de la tringle dont la base est de deux pouces, la hauteur verticale de 3 et la longueur entre les appuis de 24. Le rapport de la hauteur verticale avec la base et la longueur ayant changé, les résultats doivent changer aussi, quoique cette longueur et cette base soient restées les mêmes. En effet, en multipliant la hauteur verticale 3 par la base 2, nous avons 6 pouces de superficie, qui multipliés à leur tour par 144 donnent 864 lignes superficielles, dont le produit par 48 est de 41,472. Maintenant la longueur entre les appuis étant 24 pouces et la hauteur verticale de 3, le rapport entre 24 et 3 étant 8, la force de cette tringle est de $\frac{41,472}{8}$ ou de 5184.

CALCULS QUI FONT VOIR COMMENT LES FORCES DE QUATRE POUTRES AYANT TOUTES DOUZE PIEDS DE LONGUEUR ENTRE LEURS APPUIS, ET VINGT-QUATRE POUCES TANT DE BASE QUE D'ÉPAISSEUR VERTICALE, VARIENT SUIVANT LE RAPPORT DE CETTE HAUTEUR AVEC LA BASE ET LA LONGUEUR.

ÉPAISSEUR.		SURFACE EN POUCES.	SURFACE EN LIGNES.	LONGUEUR ENTRE LES APPUIS.	FORCE MOYENNE PAR LIGNE.	RAPPORT ENTRE LA LONGUEUR ET LA HAUTEUR.	PRODUIT DE LA SURFACE PAR LA FORCE MOYENNE OU FORCE PRIMITIVE.	FORCE RELATIVE.
HORIZON-TALE.	VERTI-CALE.							
12	12	144	20736	144	48	12	995,328	82944
10	14	140	20160	144	48	$10 + \frac{2}{7}$	967,680	94080
8	16	128	18432	144	48	9	884,736	98314
6	18	108	15552	144	48	8	746,496	93312

CALCULS POUR VÉRIFIER DES EXPÉRIENCES QUI ONT ÉTÉ FAITES SUR DES SOLIVES DE BASES, DE HAUTEUR ET DE LONGUEUR DIFFÉRENTES.

ÉPAISSEUR HORIZON- TALE.	ÉPAISSEUR VERTI- CALE.	SURFACE EN POUCES.	SURFACE DE L'UNE LIGNÉE.	FORCE MOYENNE PAR LIGNE.	LONGUEUR ENTRE LES APPUIS.	RAPPORT DE L'É- PAISSEUR VERTICALE A LA LONGUEUR.	PRODUIT DES LIGNES SUPERFICIELLES PAR LA FORCE MOYENNE.	FORCE RELATIVE DE CHAQUE CÔTÉ.
6	6	56	5184	48	144	24	243552	10568
6	3	48	6912	48	144	18	331776	18432
5	8	40	5040	48	120	15	286320	13686
6	8	48	6912	48	120	15	591776	22118 + $\frac{2}{3}$
6	8	48	6912	48	150	19 $\frac{1}{2}$	331776	16588 + $\frac{4}{5}$
4	8	52	4608	48	108	13 $\frac{1}{2}$	221184	14570 + $\frac{1}{3}$

Il faut remarquer que dans tous les calculs faits d'après de nombreuses expériences, la force d'une pièce de bois carrée dont les épaisseurs verticales et horizontales ne sont comprises chacune que douze fois dans la longueur entre les appuis, est de quatre livres par ligne superficielle, et que cette force est de plus de cinq livres lorsque la longueur, entre les appuis, restant la même, l'épaisseur verticale est augmentée de manière à n'être plus contenue que neuf fois dans cette longueur, et à être le double de la base sans que pour cela la circonférence de la pièce soit augmentée.

Enfin de tout ce que nous avons exposé et démontré sur la résistance du bois, il résulte que la force d'une pièce tirée par les deux bouts est de 100 à 102 livres par ligne superficielle de sa base, que celle des bois posés debout n'est que de 44 livres, et qu'enfin celle des poutres solives et autres pièces posées horizontalement sur deux appuis dans le sens de leur longueur n'est ordinairement que de 4 à 5 livres par ligne superficielle, et que pour qu'elles aient cette dernière force de 5 livres par ligne superficielle, il faut que leur hauteur verticale ne soit pas comprise plus de douze fois dans leur longueur entre les appuis et que leur base ne soit que la moitié de cette hauteur. Ainsi les poutres dans une charpente ne doivent jamais avoir en longueur plus de douze fois leur épaisseur verticale, les poteaux corniers plus de dix fois la hauteur du diamètre de leur base; ainsi dans la construction d'un plancher, l'économie unie à la solidité exige que les solives soient posées de champ, puisque la force d'un plancher dont les solives auraient 8 pouces d'épaisseur verticale, serait double de celle d'un autre plancher dont les solives n'auraient que 6 pouces.

Il ne nous reste plus à dire un mot de la force du bois debout incliné. Chacun sait que la force du bois employé dans cette position diminue en raison de son inclinaison, et que cette inclinaison est la longueur de la ligne qui serait tirée de la base de la pièce à une seconde ligne descendant du sommet de cette pièce perpendiculairement à la première, en sorte que l'axe de la pièce serait relativement à ces deux lignes, comme l'hypothénuse d'un triangle rectangle. Il reste à savoir maintenant dans quel rapport a lieu la diminution dont il s'agit; c'est ce qui n'a pas encore été déterminé d'une manière bien exacte. Sans prétendre arriver à cette exactitude, il nous semble qu'en considérant une pièce de charpente inclinée comme l'hypothénuse d'un triangle, dont les deux autres côtés seraient, d'une part, une ligne perpendiculaire tirée de son sommet à l'horizon; et, de l'autre, la distance de sa base à cette ligne, on peut dire que sa force est en raison directe de la superficie de sa base, et en raison inverse et composée, de sa longueur et du double de la distance de cette base à la ligne perpendiculaire.

En supposant qu'une pièce ait dix pouces de gros, et conséquemment 14,400 lignes de superficie à sa base, que sa longueur soit de dix pieds et son inclinaison de cinq, il faudra la considérer comme ayant vingt-quatre fois en hauteur l'épaisseur de sa base, et diminuer sa force primitive de moitié, c'est-à-dire la réduire à vingt-deux livres par ligne au lieu de quarante-quatre.

N. B. Si l'on se conformait dans la pratique aux calculs que nous venons de donner, les constructions que l'on ferait n'auraient qu'un instant d'existence. On est donc dans l'usage de retrancher le dernier chiffre, c'est-à-dire de le réduire à un dixième.

FIN

A. PIHAN DELAFOREST, IMPRIMEUR DE MONSIEUR LE DAUPHIN ET DE LA COUR DE CASSATION, RUE DES NOYERS, N° 37.

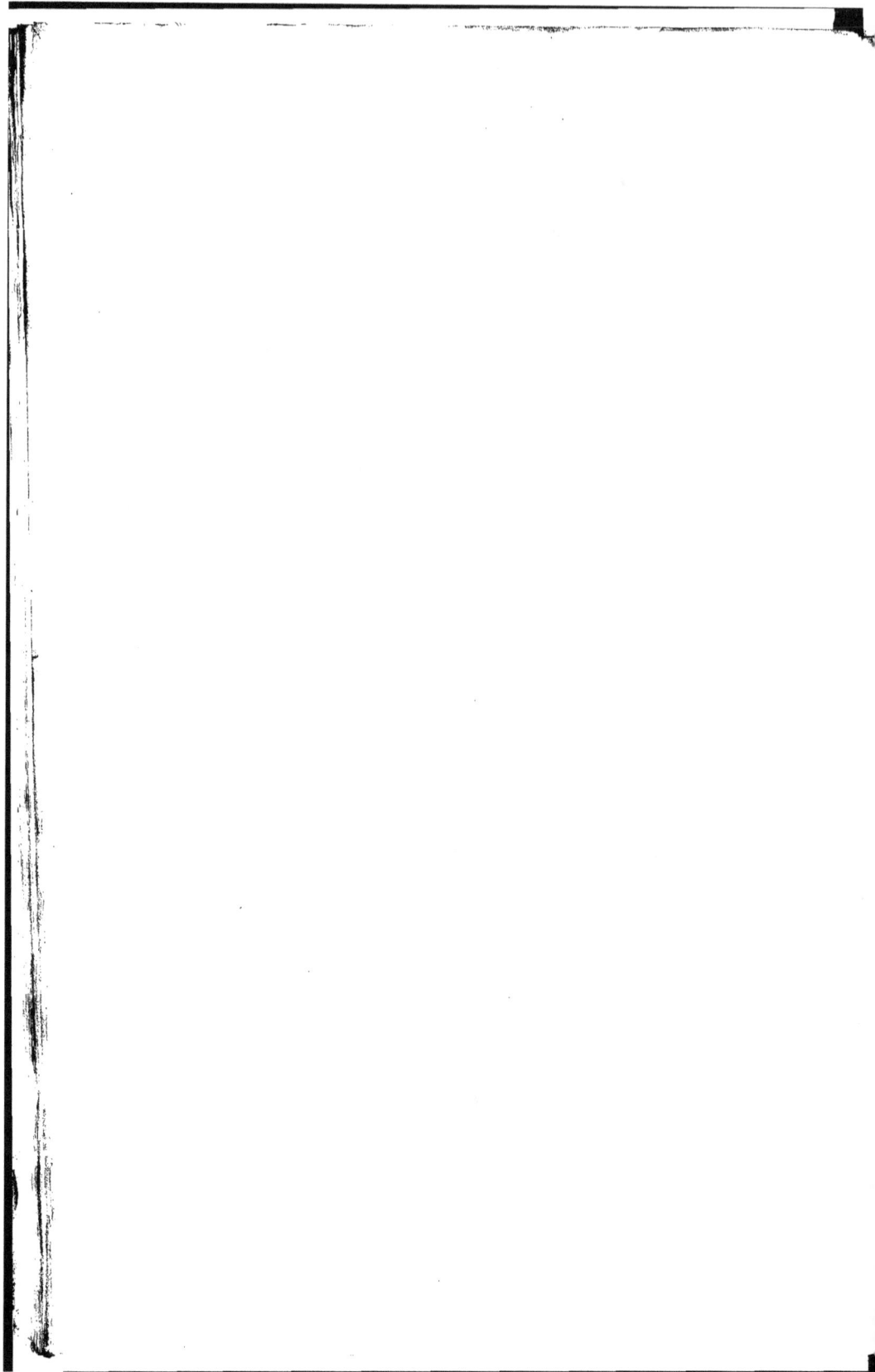

Pl. 1

Fig. 1.

Fig. 3.

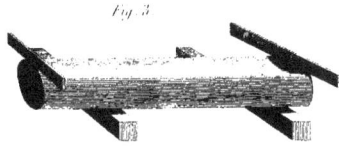

Fig. 2.

Fig. 4.

Fig. 6.

Fig. 5.

Fig. 7. Fig. 8. Fig. 9.   Fig. 10. Fig. 11. Fig. 12. Fig. 13. Fig. 14.

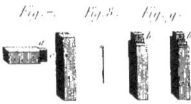

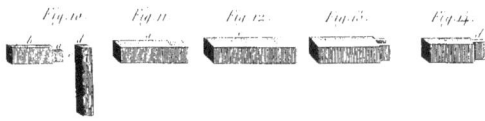

Fig. 15.   Fig. 16.   Fig. 17.   Fig. 18.   Fig. 19.   Fig. 20.

Fig. 21.

Pl. 2

Fig. 11.

Fig. 10.

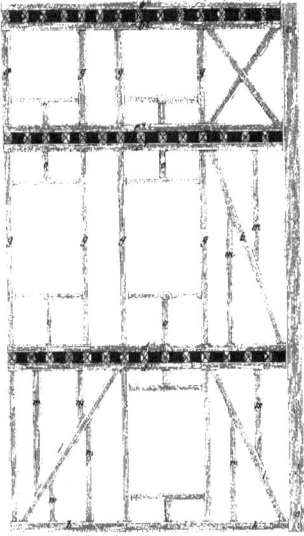

Fig. 7. Fig. 6. Fig. 5. Fig. 3. Fig. 1. Fig. 2. Fig. 4. Fig. 8. Fig. 9.

Pl. 3.

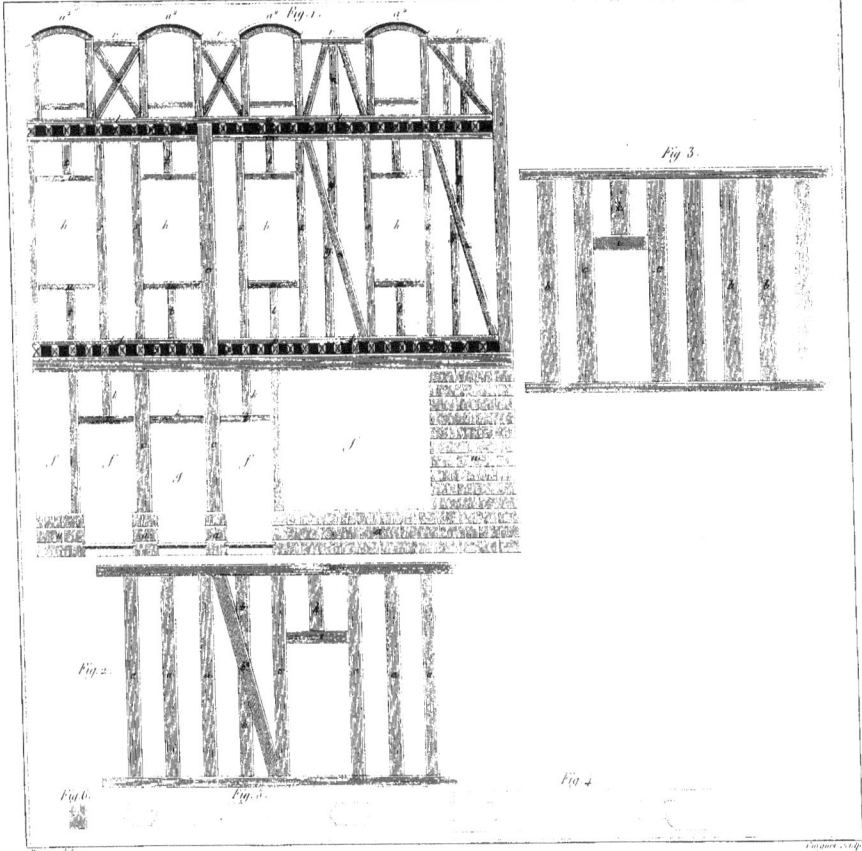

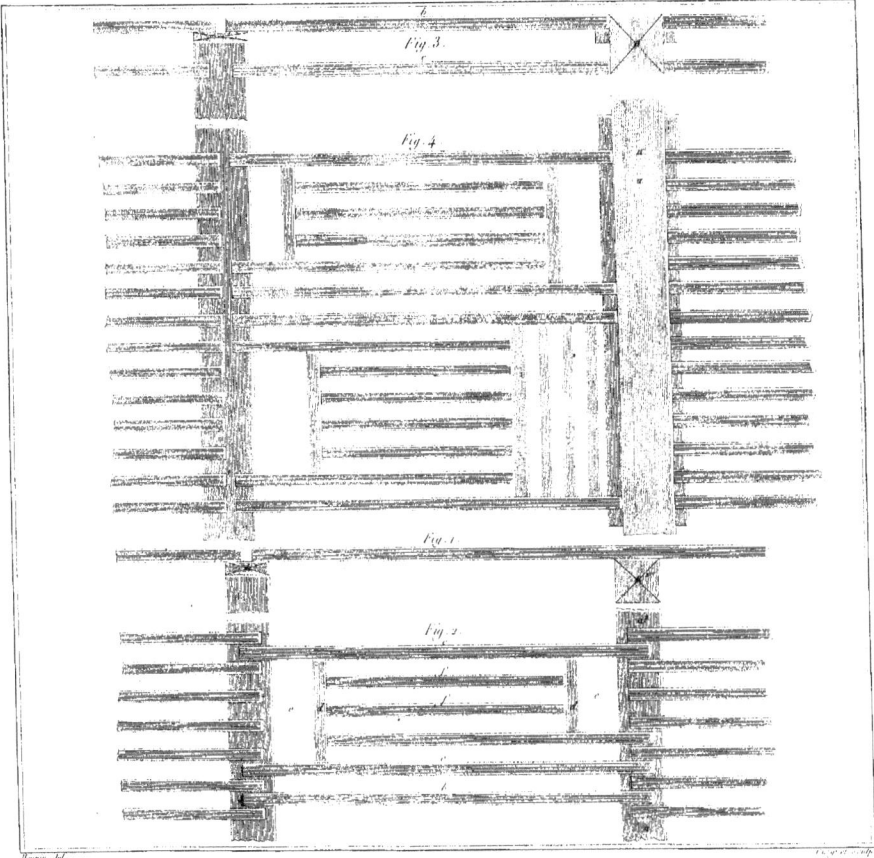

Pl. 4

Fig. 3.

Fig. 4.

Fig. 1.

Fig. 2.

Pl. 5

Fig. 2.

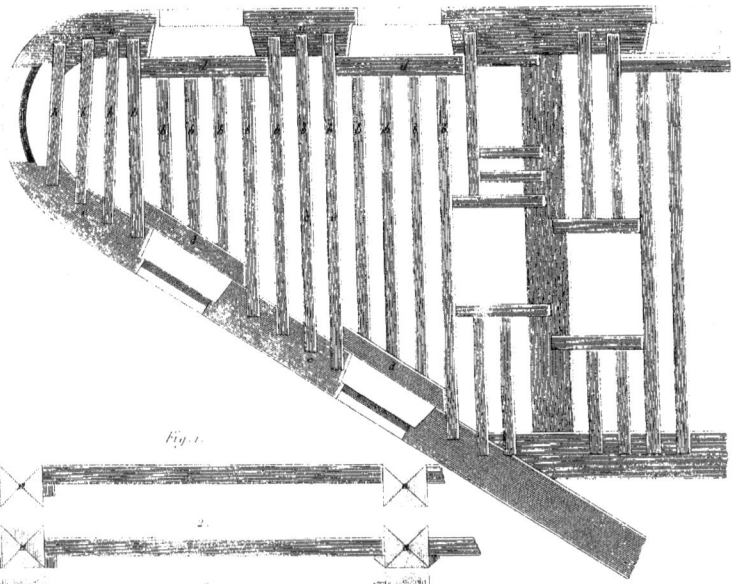

Fig. 1.

2.

3.

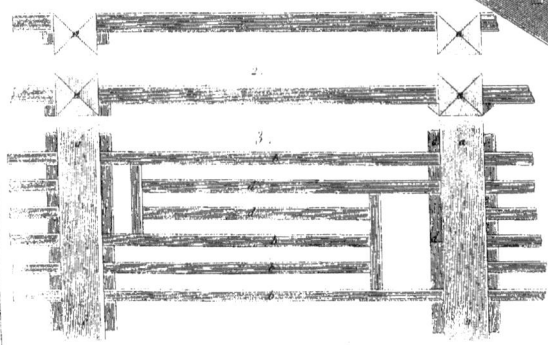

Pl. 6.

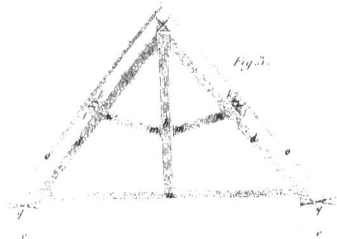

Fig. 3.

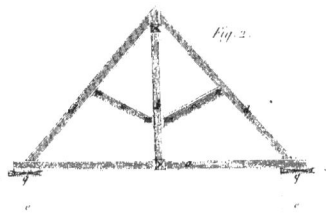

Fig. 2.

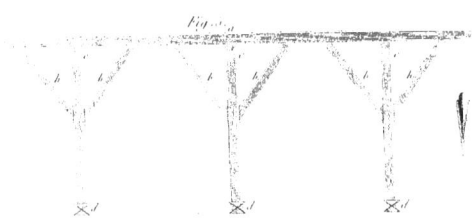

Fig. 5.

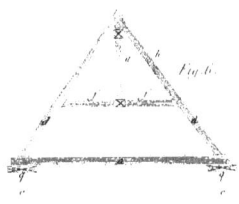

Fig. 6.

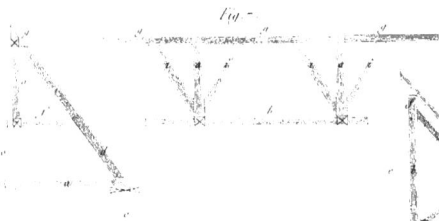

Fig. 7.

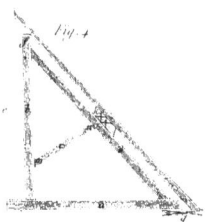

Fig. 4.

Fig. 1.

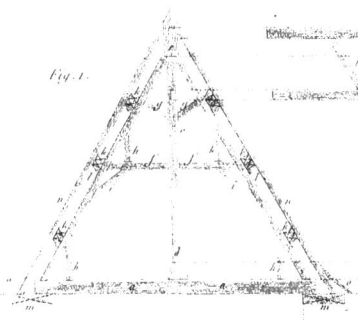

Fig. 1.

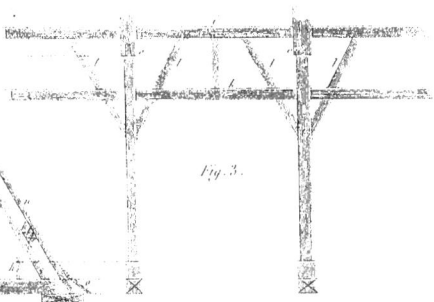

Fig. 3.

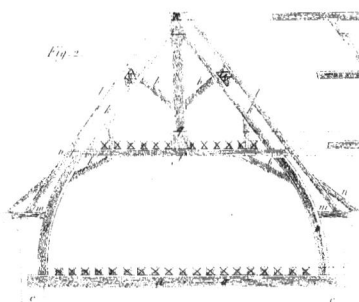

Fig. 2.

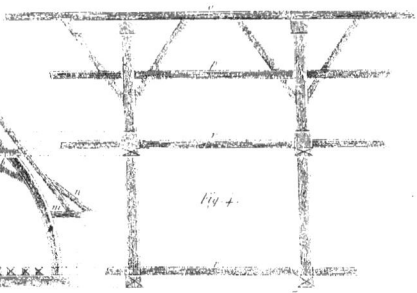

Fig. 4.

Bonin del.   Turpin sculp.

Pl. 3

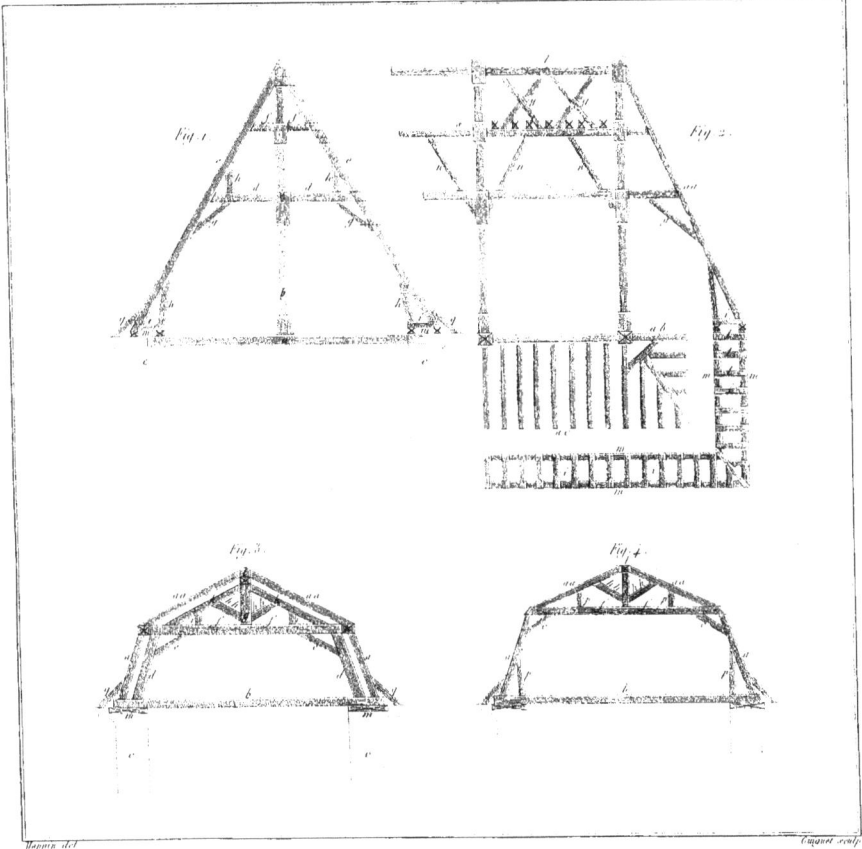

Fig. 1.

Fig. 2.

Fig. 3.

Fig. 4.

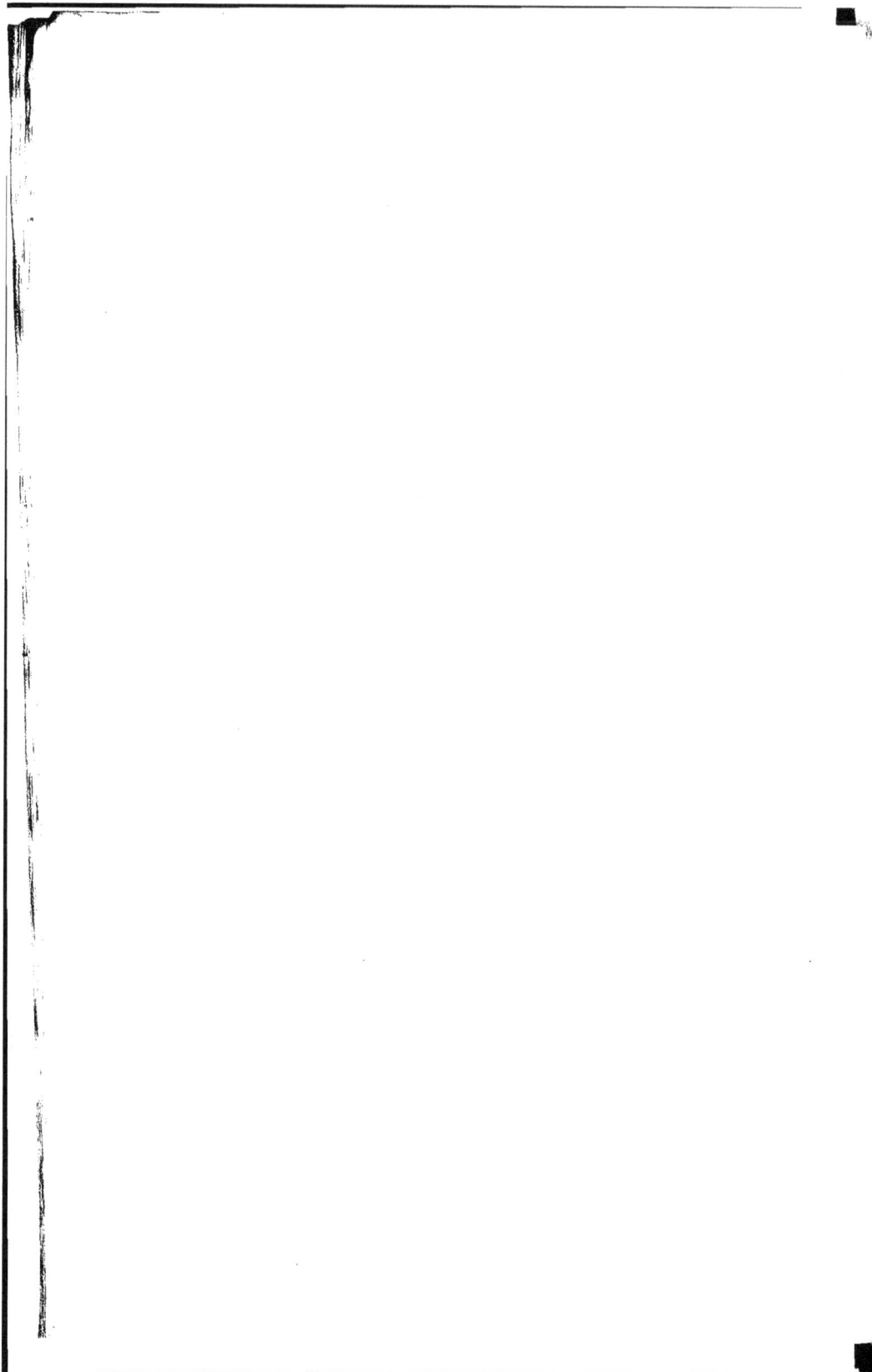

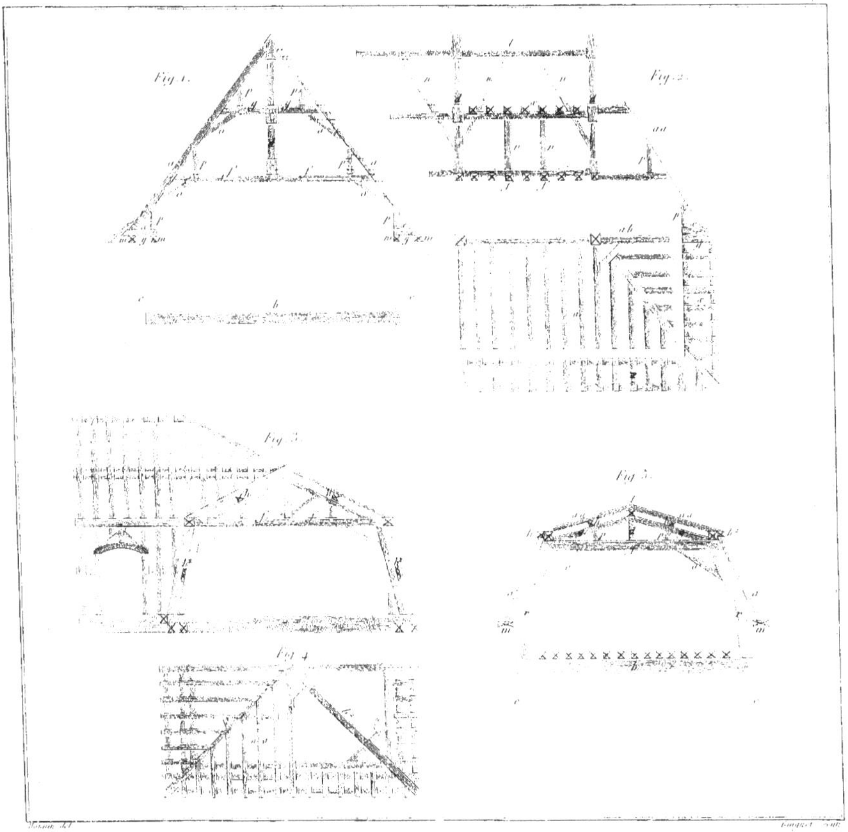

Fig. 1.

Fig. 2.

Fig. 3.

Fig. 4.

Fig. 5.

Pl. 10

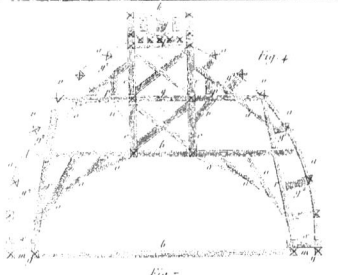

Fig. 4.

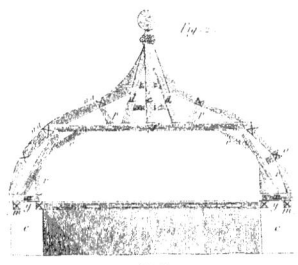

Fig. 2.

Fig. 7.

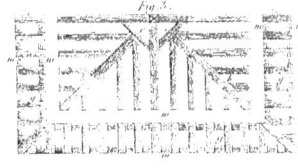

Fig. 3.

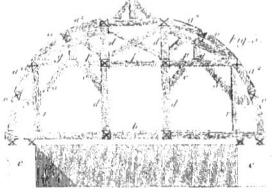

Fig. 5.

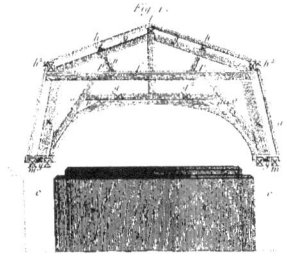

Fig. 1.

Fig. 6.

Pl. 11

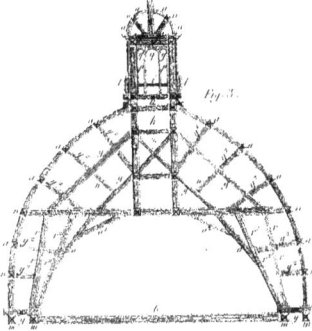
Fig. 3.

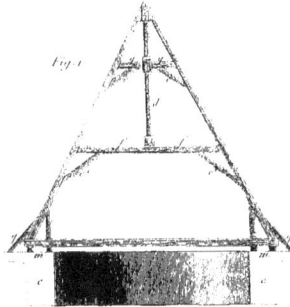
Fig. 1.

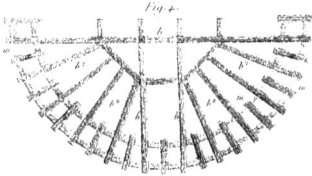
Fig. 4.

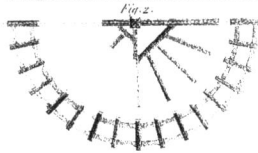
Fig. 2.

Fig. 5. Fig. 8.

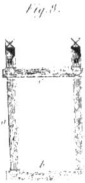

Fig. 9. Fig. 10.

Fig. 6. Fig. 7.

Pl. 12.

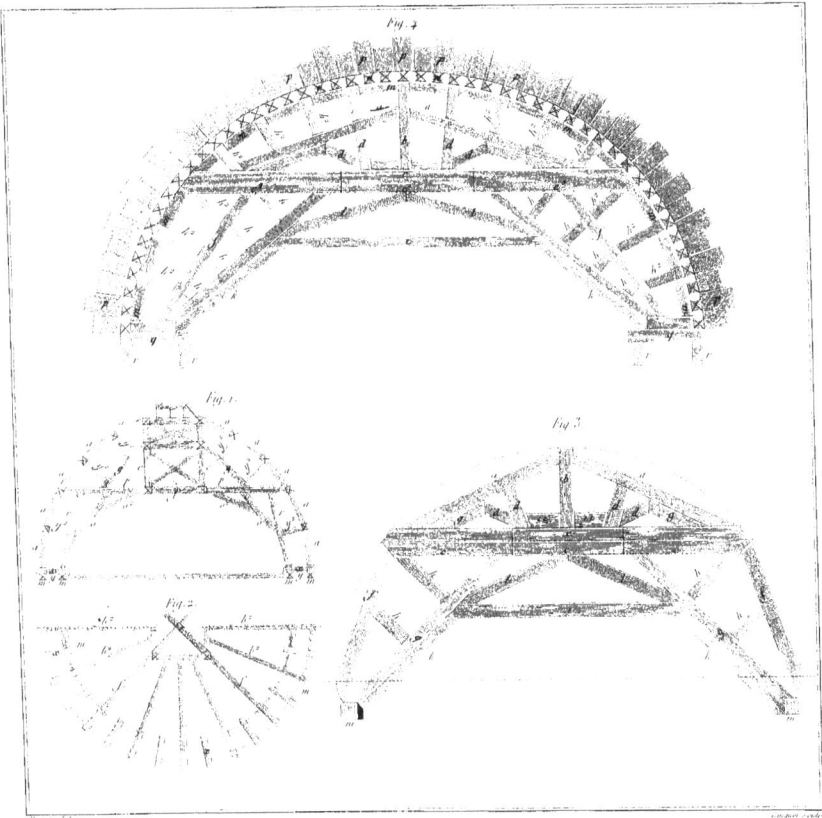

Fig. 4.

Fig. 1.

Fig. 3.

Fig. 2.

Pl.3.

Fig. 1.

Fig. 2.

Mouron del.   Mesnard sculp.

Pl. 14.

Fig. 1.

Fig. 3.

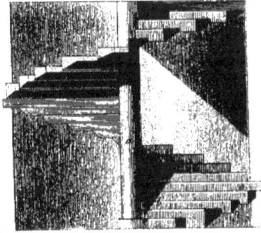

Fig. 2.

Fig. 4.

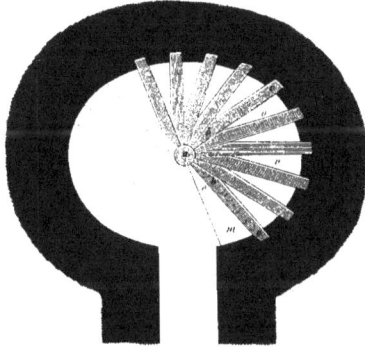

Desmou del   *Choquet sculp.*

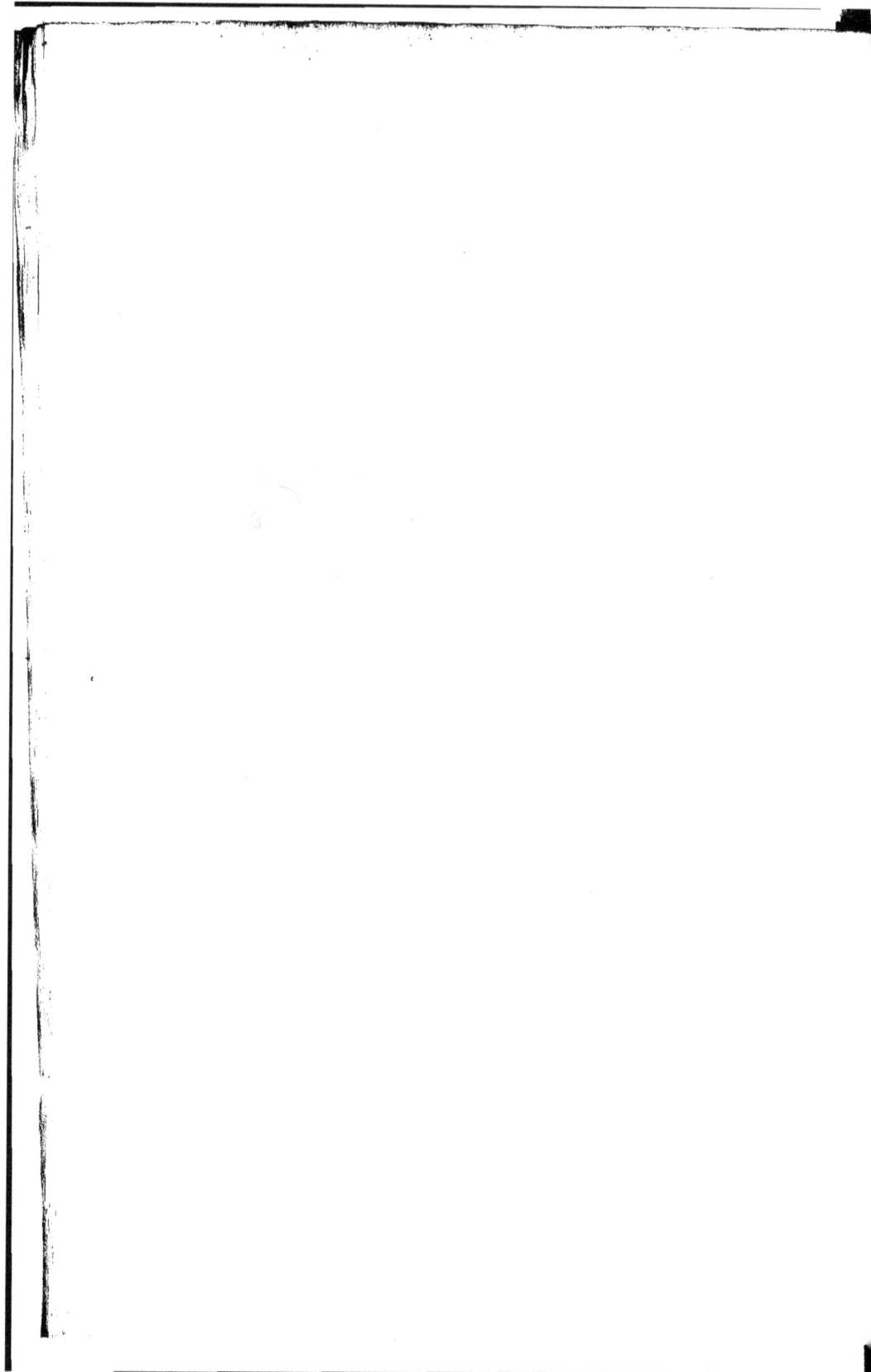

Pl. 13.

Fig. 1.

Fig. 3.

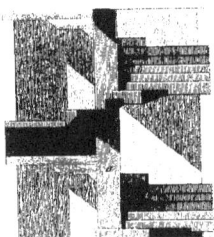

Fig. 2.

Fig. 4.

Moisan del.
Emquel sculp.

Pl. 16.

Fig. 1.

Fig. 3.

Fig. 2.

Fig. 4.

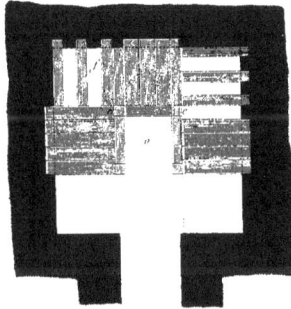

Hennin del.

Cuippel sculp.

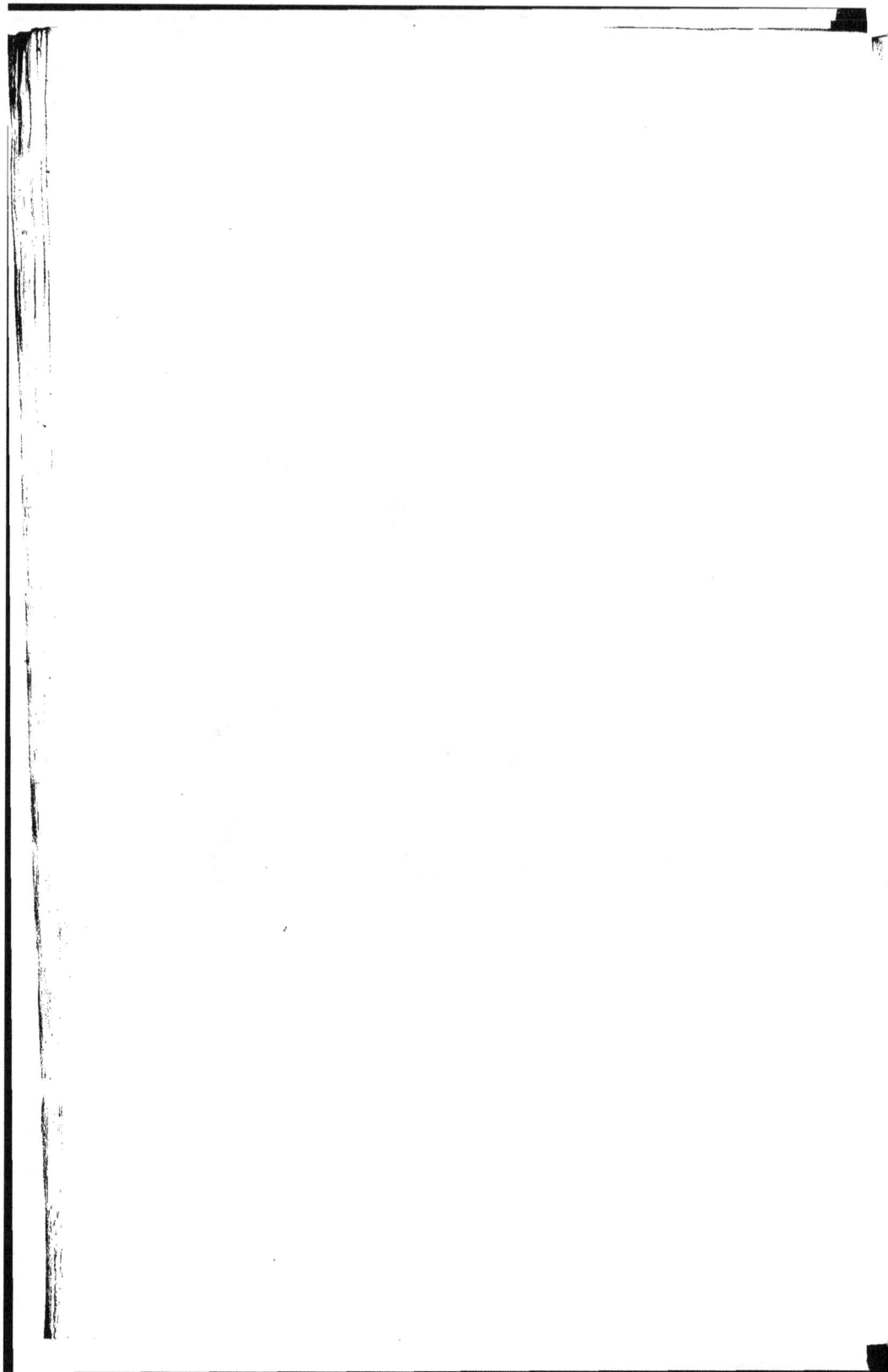

Pl. 15.

Fig. 1.

Fig. 3.

Fig. 2.

Fig. 4.

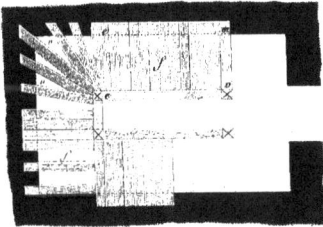

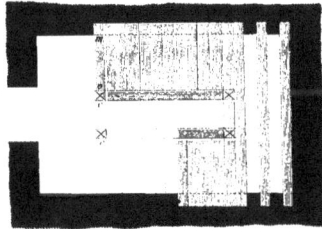

Garnier del.

Choquet sculp.

Pl. 13.

Fig. 3.

Fig. 1.

Fig. 4.

Fig. 2.

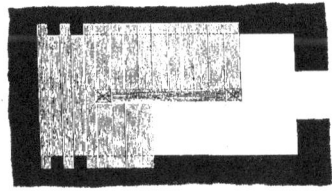

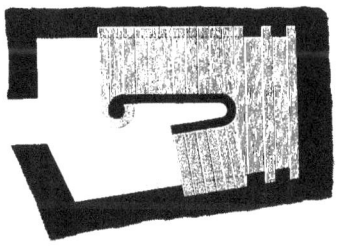

Thenin del.

Gouat sculp.

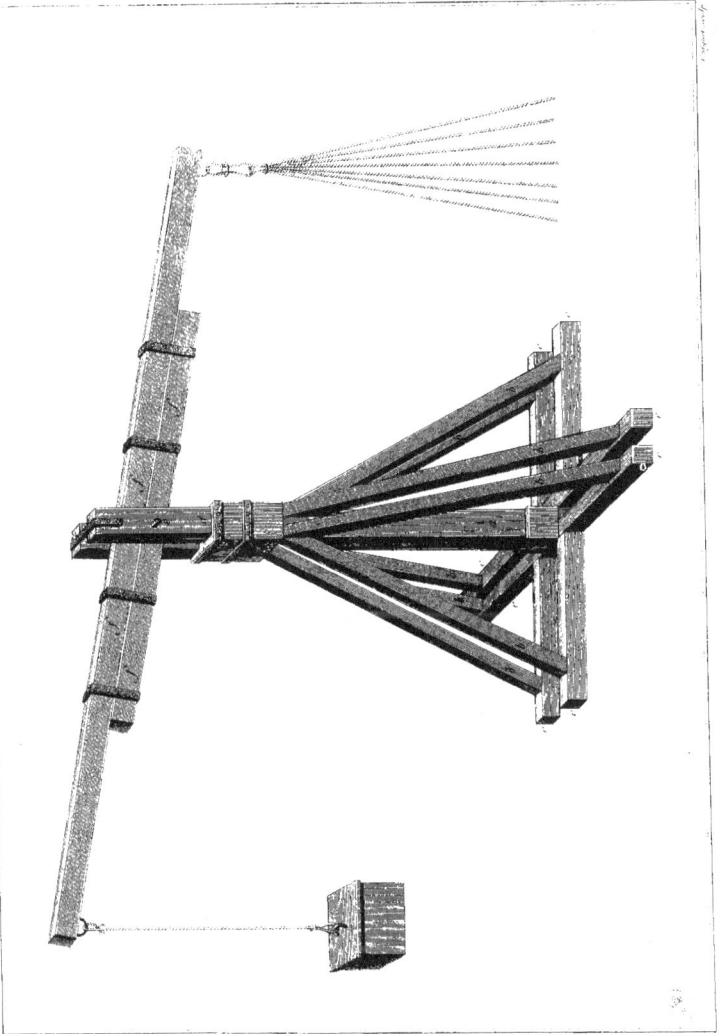

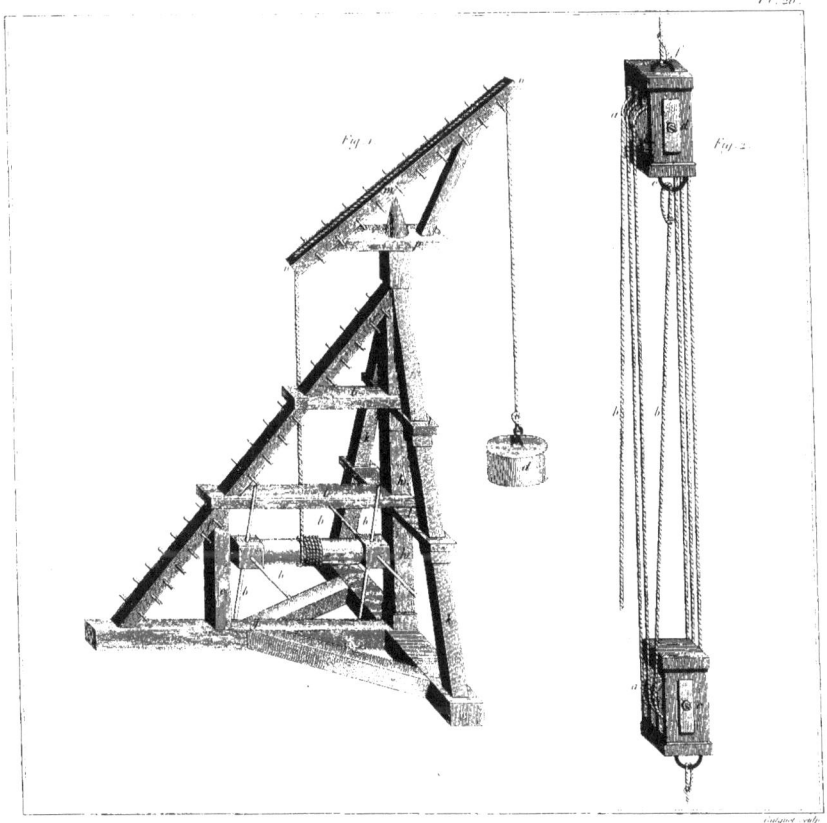

Pl. 20

Fig. 1

Fig. 2

Pl. 21.

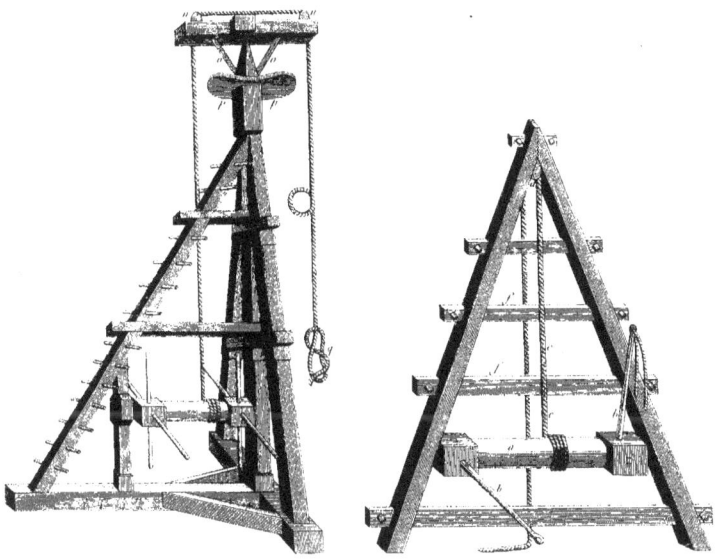

Fig. 1

Pl. 23

Pl. 23

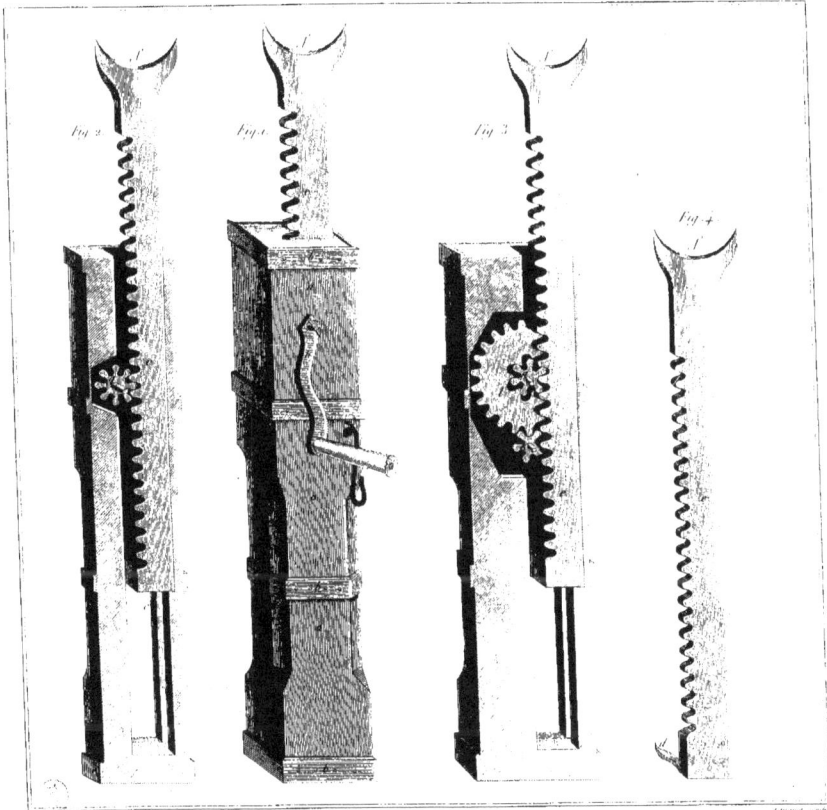

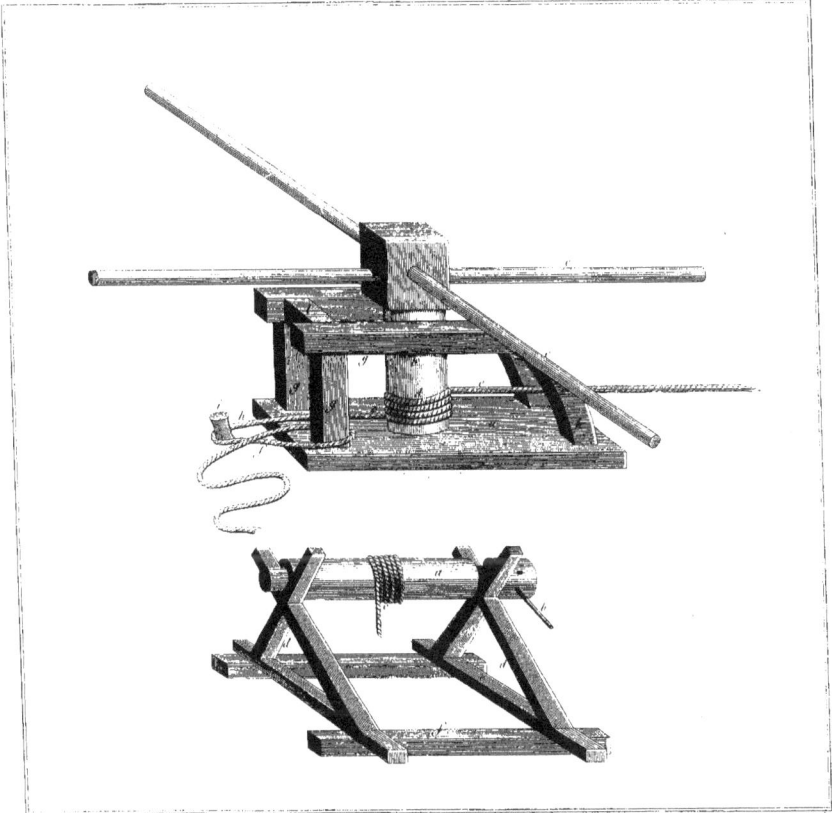

BATEAU A LESSIVE.

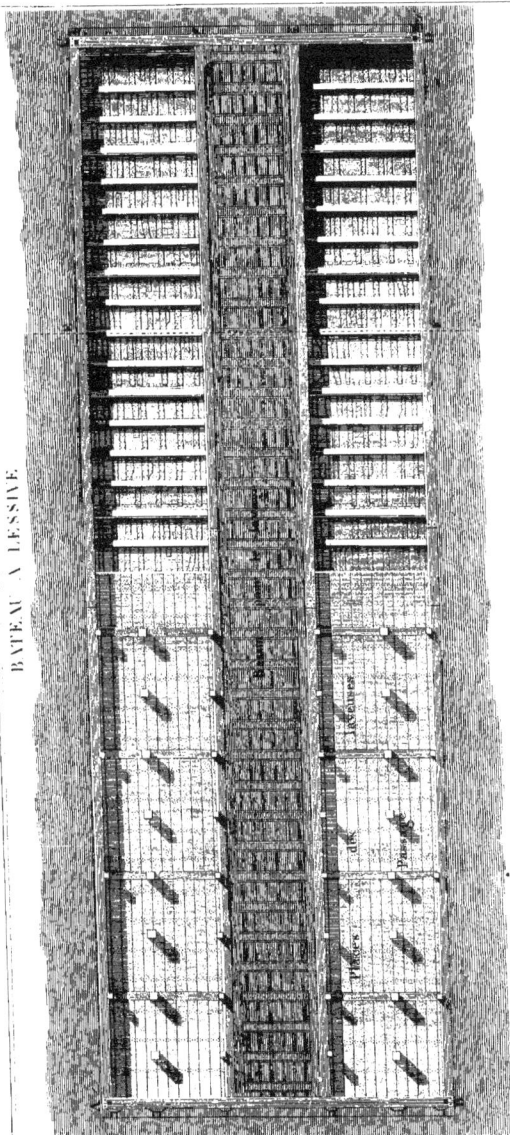

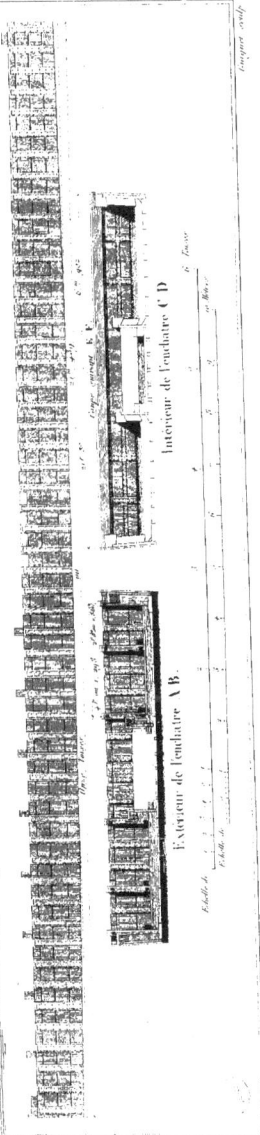

Extérieur de l'enduiture A B

Intérieur de l'enduiture C D

Pl. 26

Contraste insuffisant
NF Z 43-120-14